职业教育教材·交通运输大类
行业紧缺人才、关键岗位从业人员培训推荐教材
航空运输类 、铁道运输类、水上运输类 、城市轨道交通类专业通用教材

乘务人员服务礼仪

主　编　张　颖
副主编　张雨晴

北京交通大学出版社
·北京·

内 容 简 介

本书对乘务人员服务礼仪知识进行了系统介绍，共包括四个项目，分别为礼仪认知、乘务服务礼仪认知、乘务服务礼仪实务、乘务服务礼仪技巧。本书内容精练，图文并茂，适合作为应用型本科院校、高职高专院校、中职中专学校的课堂教学用书，也可作为企业培训教材。

图书在版编目（CIP）数据

乘务人员服务礼仪 / 张颖主编．—北京：北京交通大学出版社，2020.3
ISBN 978 - 7 - 5121 - 4182 - 7

Ⅰ．①乘…　Ⅱ．①张…　Ⅲ．①民用航空-乘务人员-礼仪　Ⅳ．①F560.9

中国版本图书馆 CIP 数据核字（2020）第 040314 号

乘务人员服务礼仪
CHENGWU RENYUAN FUWU LIYI

策划编辑：刘辉　　责任编辑：刘辉
出版发行：北京交通大学出版社　　电话：010 - 51686414　　http：//www. bjtup. com. cn
地　　址：北京市海淀区高梁桥斜街 44 号　　邮编：100044
印 刷 者：艺堂印刷（天津）有限公司
经　　销：全国新华书店
开　　本：185 mm × 260 mm　　印张：6.75　　字数：145 千字
版 印 次：2020 年 3 月第 1 版　　2020 年 3 月第 1 次印刷
印　　数：1 ~ 3000 册　　定价：39.80 元

本书如有质量问题，请向北京交通大学出版社质监组反映。对您的意见和批评，我们表示欢迎和感谢。
投诉电话：010 - 51686043，51686008；传真：010 - 62225406；E-mail：press@ bjtu. edu. cn。

前 言
preface

2019 年，教育部颁布了高等职业学校专业教学标准，服务礼仪成为空中乘务、铁道运营管理、高速铁路客运乘务、城市轨道交通运营管理、国际邮轮乘务管理等专业的专业基础课，其重要性得到了广泛认同。

本书由张颖担任主编，具体编写分工如下：项目一、项目二、项目三由张颖编写，项目四由张雨晴编写。

由于编写人员的水平有限，本书不足之处在所难免，恳请广大读者批评指正。

反馈本书意见、建议，索取相关教学资源可从出版社网站（http：//www.bjtup.com.cn）下载，或与出版社编辑刘辉联系（cbslh@jg.bjtu.edu.cn，QQ39116920）。

编者

2020 年 3 月

目 录
contents

项目一　礼仪认知

礼仪是人们文明程度和道德修养的一种外在表现形式，是人际交往的通行证。我国是礼仪之邦，我国传统礼仪起源于原始社会，经过不断发展，逐步形成了现代礼仪规范。乘务人员只有具备了基本的礼仪素养，才能树立良好的精神风貌，落实旅客至上的服务理念。

项目知识结构框图

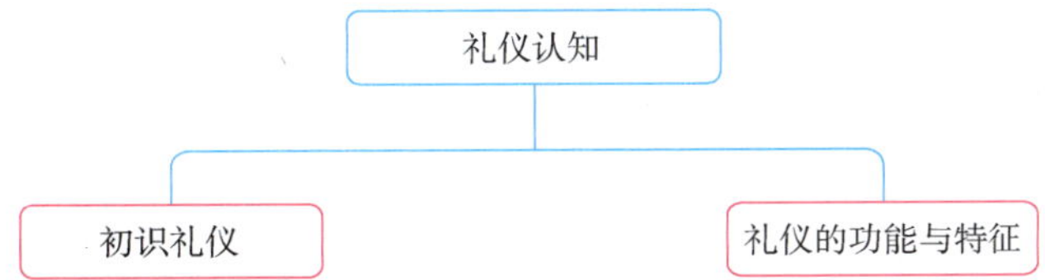

任务一 初识礼仪

任务导语

要掌握礼仪的基本内涵，首先要了解礼仪的起源和发展。礼仪在日常生活、工作中经常提到，但是很多人不能准确地说出什么是礼仪，也并不了解日常生活、工作中需要什么样的礼仪，本任务将对以上内容进行介绍。

知识点

(1) 礼仪的起源；
(2) 礼仪的不同发展阶段；
(3) 礼仪的内涵和分类。

能力要求

(1) 总结礼仪的起源和发展；
(2) 明确礼仪的分类和适用范围。

任务思维导图

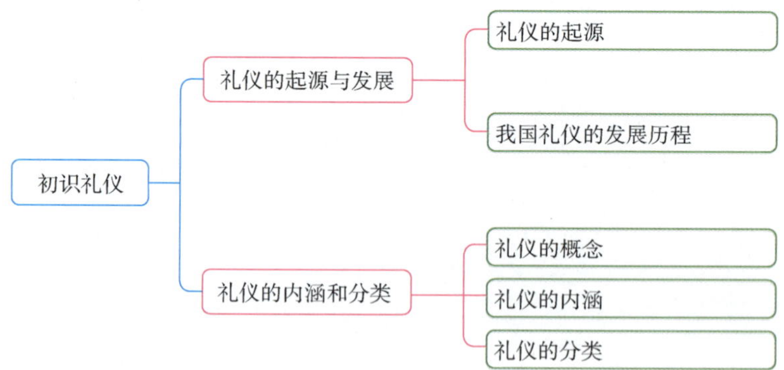

一、礼仪的起源与发展

1. 礼仪的起源

礼仪的起源，可以从理论和仪式两方面来论述。

从理论层面看，礼的产生，是人类协调主客观矛盾的需要，是维护正常的“人伦秩序”的需要。人类想要生存和发展，就必须与大自然抗争，需要以群居的形式相互依存，人类的群居性使得人与人之间既相互依赖又相互制约。在群体生活中，男女有别，老少有异，人们逐步积累和自然约定出一系列“秩序”，这些秩序既有人伦秩序，也包括被所有成员共同认定和维护的社会秩序，这些秩序形成了最初的礼。

从仪式层面看，礼产生于原始宗教的祭祀活动。礼最初以祭天、敬神为主要内容。这些祭祀活动逐步建立了相应的规范和制度，形成了祭祀礼仪。随着人类对自然与社会各种关系认识的逐步深入，仅以祭祀天地、鬼神、祖先为礼，已经不能满足人类日益发展的精神需要，也无法调节日益复杂的现实关系。人们开始将事神致福活动中的一系列行为，从内容到形式扩展到各种人际交往活动中，从最初的祭祀之礼扩展到社会各个领域的各种各样的礼仪。

2. 我国礼仪的发展历程

礼仪自产生以来不断发生着变革。相关学者研究认为我国礼仪的发展可以分为五个阶段。

1）礼仪的起源时期：夏朝以前

礼仪起源于原始社会。在原始社会中晚期出现了早期礼仪。整个原始社会是礼仪的萌芽时期，礼仪较为简单和虔诚，还不具有严格的阶级性。

这个阶段的礼仪的内容包括：制定了明确血缘关系的婚嫁礼仪；区别部族内部尊卑的礼制；为祭天敬神而确定的一些祭典仪式；制定了一些在人们的相互交往中表示礼节和表示恭敬的动作。

2）礼仪的形成时期：夏、商、西周

人类进入奴隶社会，统治阶级为了巩固自己的统治地位，把原始的礼仪发展成符合奴隶社会政治需要的礼制，礼被打上了阶级的烙印。

在这个阶段，我国第一次形成了比较完整的国家礼仪制度。一些影响深远的古代礼制典籍撰修于这一时期，如周代的《周礼》等，这些作品是我国最早的礼仪学专著。这些著作的出现标志着我国古代礼仪已初步进入了系统、完备的阶段，礼仪从单纯祭祀天地、鬼神、祖先的形式，发展为全面制约人们行为的社会规范体系。

3）礼仪的变革时期：春秋战国时期

春秋战国时期，我国思想界出现了百家争鸣的局面。以孔子、孟子、荀子为代表的诸子百家对礼仪进行了研究，系统阐述了礼仪的起源、本质和功能，第一次对社会等级秩序的划分及其意义在理论上进行了论述。

孔子对礼仪非常重视，他要求人们用礼的规范来约束自己的行为，要做到“非礼勿视，非礼勿听，非礼勿言，非礼勿动”。他把“礼”看成是治国、安邦、平定天下的基础。他认为“不学礼，无以立”“质胜文则野，文胜质则史。文质彬彬，然后君子”，强调人与人之间要有同情心，要相互关心，彼此尊重。

孟子把“礼”解释为对尊长和宾客的严肃而有礼貌，即“恭敬之心，人皆有之”，并把“礼”看作是人的“善性”的发端之一。

荀子把“礼”作为人生哲学思想的核心，把“礼”看作是做人的根本目的和最高理想，即“礼者，人道之极也”。他认为“礼”既是目标、理想，又是行为过程，强调“人无礼则不生，事无礼则不成，国家无礼则不宁”。

管仲把“礼”看作是人生的指导思想和维持国家的第一支柱，认为礼关系到国家的生死存亡。

4）礼仪的强化时期：秦汉到清末

在我国长达两千多年的封建社会里，尽管在不同的朝代，礼仪具有不同的政治、经济、文化特征，但却有一个共同点，这就是礼仪一直为统治阶级所利用，是维护封建社会等级秩序的工具。

这一时期，礼仪的重要特点是尊君抑臣、尊夫抑妇、尊父抑子、尊神抑人。纵观封建社会的礼仪，其内容大致涉及国家政治的礼制和家庭的伦理两类。这一时期的礼仪构成中华传统礼仪的主体。

古代礼仪场景如图 1–1 所示。

图 1–1　古代礼仪场景

5）现代礼仪的发展

辛亥革命以后，受西方资产阶级“自由、平等、民主、博爱”等思想的影响，我国的传统礼仪规范、制度受到强烈冲击。新文化运动对腐朽、落后的礼仪进行了抨击。符合时代要求的礼仪被继承、完善、流传，而那些繁文缛节逐渐被抛弃，同时我国接受了一些国际上通用的礼仪形式。新的礼仪标准、价值观念得到了推广和传播。中华人民共和国成立后，特别是改革开放以来，随着我国与世界的交往日趋频繁，西方一些现代的礼仪、礼节陆续传入我国，西方礼仪同我国的传统礼仪一起融入社会生活的各个方面，构成了我国现代礼仪的基本框架。当前，我国的许多礼仪从内容到形式都在不断变革，现代礼仪的发展进入了全新的发展阶段。

现代礼仪训练实景如图 1–2 所示。

图 1–2　现代礼仪训练实景

二、礼仪的内涵和分类

1. 礼仪的概念

礼仪是人们在社会交往中受历史传统、风俗习惯、宗教信仰、时代潮流等因素的影响而形成的，既为人们所认同，又为人们所遵守，是以建立和谐关系为目的的各种符合礼的精神及要求的行为准则和规范的总和。

礼仪经过不断发展，成为人类维系社会正常生活而共同遵守的道德规范并以风俗、习惯和传统等方式固定下来。对一个人来说，礼仪是一个人的思想道德水平、文化修养、交际能力的外在表现，对一个社会来说，礼仪是一个国家社会文明程度、道德风尚和生活习惯的反映。礼仪包括“礼”和“仪”两部分。

“礼”是最高的自然法则，是自然的总秩序、总规律。春秋时期著名政治家子产说："夫礼，天之经也，地之义也，民之行也。"（《左传·昭公二十五年》）"礼"是中国文化之表征，与政治、法律、宗教、哲学、乃至文学、艺术等结为一个整体，是中国文化的根本特征与标志。"礼"也是在道德层面上对其他人的尊重，荀子曰："礼者，敬人也。"

"仪"有两层含义，一是指容貌举止，如《诗经·大雅·烝民》中写道，"令仪令色，小心翼翼"；二是指法度、标准，如《国语·周语下》中写道，"度之于轨仪"，《淮南子·修务训》中写道，"设仪立度，可以为法则"，这里的"仪"是指治理国家的法度。

英语"etiquette"（礼仪）一词源于法语，即"法庭上的通行证"，表示持证者进入法庭必须遵守相应的规矩和准则。后来被英语吸收后，词义有所变化，"礼仪"延伸成"人际交往的通行证"。随着社会生活的发展，"礼仪"一词逐渐专指礼节、礼貌和行为规范。

2. 礼仪的内涵

1）礼仪的定义

从广义上讲，礼仪是人们在社会交往活动中形成的行为规范与准则，是礼节、礼貌、仪表、仪式等的总称，其涉及社会、道德、习俗、宗教等方面，是个人道德、修养程度及社会整体文明的一种外在表现形式。

从狭义上讲，礼仪指的是国家、政府机构或人民团体、企业机构在正式活动和一定环境中采取的行为、语言等规范；是在较大或较隆重的正式场合，为表示对接待对象的尊重所举行的合乎社交规范和道德规范的仪式；是社会交往中在礼遇规格、礼宾次序等方面应遵循的礼貌、礼节要求，一般通过集体的规范仪式和程序行为来体现。

从内容上来看，礼仪是由主体、客体、媒体、环境四项基本要素所构成的。

礼仪的主体，指的是礼仪活动的组织和实施者。当礼仪活动规模较小、较为简单时，其主体通常是个人。当礼仪活动规模较大、较为复杂时，其主体通常是组织。没有礼仪主体，礼仪活动就不可能进行，礼仪也就无从谈起。

礼仪的客体，指的是礼仪的对象，即礼仪活动的指向者和承受者。礼仪的客体可以是人，也可以是物；可以是物质的，也可以是精神的；可以是具体的，也可以是抽象的；可以是有形的，也可以是无形的。礼仪的客体与礼仪的主体二者之间既对立，又依存，而且在一定条件下相互转化。

礼仪的媒体，指的是礼仪活动所依托的媒介。它实际上是礼仪内容与礼仪形式的统一。任何礼仪都必须具有礼仪媒体，没有媒体的礼仪是不可能存在的。礼仪的媒体，具体由人体礼仪媒体、物体礼仪媒体、事体礼仪媒体等构成。在具体的礼仪操作过程中，这些不同的礼仪媒体往往是交叉、配合使用的。

礼仪的环境，指的是礼仪活动得以进行的特定的时空条件。一般而言，礼仪的环境可以分为礼仪的自然环境与礼仪的社会环境。礼仪的环境，经常制约着礼仪的实施。不仅实施何种礼仪受到礼仪环境的影响，而且具体的礼仪实施方法也受到礼仪环境的影响。

2）礼仪的多角度定义

从不同的角度，我们还可以对礼仪做出多种不同的解释。

从个人修养上来讲，礼仪是个人素质的外在表现。也就是说，礼仪体现了一个人的内在修养，即教养。

从道德上来讲，礼仪可以被界定为包括做人、做事方面的行为规范或行为准则。

从交际上来讲，礼仪是人际交往中的一种行为艺术。

从民俗上来讲，礼仪既可以说是在人际交往中必须遵守的律己、敬人的习惯形式，也可以说是在人际交往中约定俗成的表示尊重、友好的习惯做法。

从传播上来讲，礼仪可以说是一种在人际交往中进行相互沟通的技巧。

从审美上来讲，礼仪可以说是一种形式美，它是人的心灵美的外化。

了解上述各种对礼仪的解释，可以进一步地加深对礼仪的理解，并且更为准确地把握礼仪的内涵。

礼仪既然是社会交往中表示尊重和友好的行为规范，那么在人们交往的时候就一定会用到礼仪。人们的社会交往行为非常复杂，为了便于认识与学习，我们可以根据不同性质的交往划分出各种礼仪。例如根据行业的不同，可以分为铁路客运礼仪、城市轨道交通客运礼仪、航空礼仪、邮轮礼仪、酒店礼仪、商务礼仪等；从交往的程序和过程来看，可以分为见面礼仪、沟通礼仪、宴请礼仪、送客礼仪等；如果从行为主体来分，又可以分为个人礼仪、家庭礼仪、团体礼仪、国家礼仪等。

不同的社会交往要求不同类型的礼仪行为，不能相互混淆，也不能不顾特点照搬一般的礼仪。例如同样是服务行业，酒店服务与乘务服务在服务过程中有很大差异，照搬酒店服务人员的培训方法培训乘务人员，实际上忽略了乘务工作的特点。

3. 礼仪的分类

礼仪存在于人们日常生活、工作中的各个方面，礼仪无处不在。根据礼仪的运用环境不同，可将礼仪分为以下几类。

1）个人礼仪

人是礼仪的行为主体，所以讲礼仪首先应该从个人礼仪开始。个人礼仪包括言谈举止、仪表服饰等多方面的礼仪要求。个人的形体礼仪、仪态礼仪、仪表礼仪、修养等均属于个人礼仪范畴。

形体礼仪训练场景如图 1–3 所示。

图 1–3 形体礼仪训练场景

2）生活礼仪

生活礼仪包括生活中的各类情况所须遵循的礼仪。例如：见面交谈礼仪、介绍宴请礼仪、校园礼仪、聚会礼仪、饮食礼仪、送礼礼仪、探病礼仪、结婚礼仪、祝寿礼仪、节庆礼仪、殡葬礼仪等。

宴请礼仪如图 1–4 所示。

图 1–4 宴请礼仪

3）社交礼仪

社交礼仪更为繁杂，通常包括见面与介绍礼仪，拜访与接待礼仪，交谈与交往礼仪，宴请与馈赠礼仪，舞会与沙龙礼仪等。

舞会礼仪如图 1–5 所示。

图 1–5 舞会礼仪

4）服务礼仪

服务礼仪是指各类服务行业的从业人员，在自己的工作岗位上所应遵守的礼仪。如乘务服务礼仪、酒店服务礼仪等。

酒店服务礼仪如图 1–6 所示。

图 1–6 酒店服务礼仪

5）公务礼仪

公务礼仪是具体工作产生的礼仪，如办公室礼仪、交接礼仪、会议礼仪、公文礼仪、迎送礼仪等。

会议礼仪如图 1–7 所示。

图 1-7　会议礼仪

6）商务礼仪

商务礼仪是指商务活动中的礼仪，包括柜台待客礼仪、商业洽谈礼仪、推销礼仪、商务文书礼仪、公关礼仪，等等。

商务洽谈礼仪如图 1-8 所示。

图 1-8　商务洽谈礼仪

7）其他礼仪

其他礼仪如习俗礼仪、民族礼仪、宗教礼仪、涉外礼仪等。

不同的社会交往要求运用不同类型的礼仪行为，有些情况下，不同类型的礼仪行为可相互借鉴，但更多时候却要避免相互混淆。在礼仪的学习及运用过程中，要学会灵活掌握、因地制宜。例如，高速铁路客运服务人员与金融投资产品销售人员的服务礼仪，在面对服务对象提供相关服务的过程中，对礼仪运用的要求就相差甚远。

任务二 礼仪的功能与特征

任务导语

在明确了礼仪的概念、发展历程等知识的基础上，本任务对礼仪的功能、特征等知识进行介绍。

知识点

(1) 礼仪的作用；
(2) 礼仪的特征；
(3) 现代礼仪应遵循的原则。

能力要求

(1) 了解礼仪的作用；
(2) 掌握礼仪的特征；
(3) 明确现代礼仪应遵循的原则。

任务思维导图

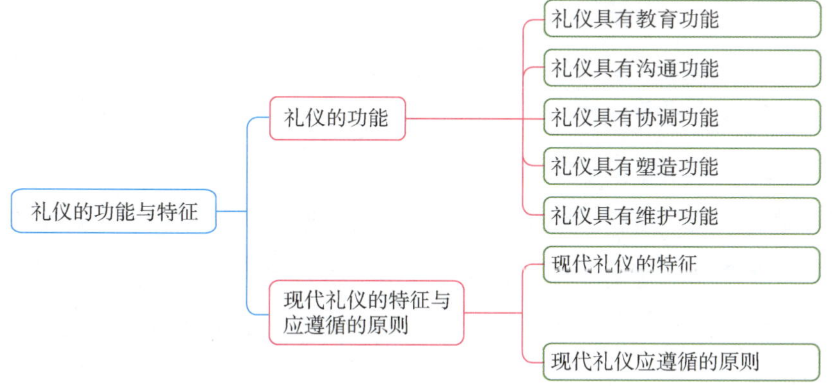

一、礼仪的功能

我国作为文明古国和礼仪之邦，礼仪的观念贯穿古今，礼仪在人们生活、工作、社交中始终起着至关重要的作用。礼仪的功能如下。

1. 礼仪具有教育功能

礼仪是人类社会进步的产物，是文化的重要组成部分。礼仪蕴含着丰富的文化内涵，体现着社会的要求与时代的精神。礼仪通过评价、劝阻、示范等教育形式纠正人们不正确的行为，指导人们按礼仪规范的要求去协调人际关系，维护社会正常秩序。有道德才能高尚，有礼仪才能文明，对国民进行礼仪教育，可以有效地促进国民综合素质的提高。

2. 礼仪具有沟通功能

礼仪行为是一种信息性很强的行为，每一种礼仪行为都表达一种甚至多种信息。在人际交往中，交往双方只有按照礼仪的要求，才能更有效地向交往对象表达自己的尊敬、善意和友好，人际交往才可以顺利地进行和延续。热情的问候、友善的目光、亲切的微笑、文雅的谈吐、得体的举止等，不仅能唤起人们的沟通欲望，建立起好感和信任，而且可以促成交流的成功，进而有助于事业的发展。

3. 礼仪具有协调功能

在人际交往中，不论体现的是何种关系，维系人际之间沟通与交往的礼仪，都承担着十分重要的“润滑剂”作用。礼仪的原则和规范，约束着人们的动机，指导着人们立身处世的行为方式。如果交往的双方都能够按照礼仪的规范约束自己的言行，不仅可以避免某些不必要的感情对立与矛盾冲突，还有助于建立和加强人与人之间相互尊重、友好合作的关系，使人际关系更加和谐，社会秩序更加有序。

4. 礼仪具有塑造功能

礼仪可以塑造形象，这种形象塑造包括个人形象塑造和组织形象塑造两方面。礼仪讲究和谐，重视内在美和外在美的统一。礼仪在行为美学方面指导着人们不断地充实和完善自我并潜移默化地熏陶着人们的心灵。礼仪让人们的谈吐变得越来越文明，人们的举止仪态变得越来越优雅并符合大众的审美原则，体现出时代的特色和精神风貌。

5. 礼仪具有维护功能

礼仪作为社会行为规范，对人们的行为有很强的约束力。在维护社会秩序方面，礼仪起着法律所起不到的作用。社会的发展与稳定，家庭的和谐与安宁，邻里的和谐，同事之

间的信任与合作，都依赖于人们共同遵守礼仪的规范与要求。社会上讲礼仪的人越多，社会便会更加和谐与稳定。

二、现代礼仪的特征与应遵循的原则

现代礼仪是指人们在现代社会交往中共同遵守的行为准则和规范。它既可以单指表示敬意而隆重举行的某种仪式，又可以泛指人们在社会交往中的礼节、礼貌等。

随着社会的发展，礼仪已经由维护封建统治的古代礼仪，逐步演变为规范人们的行为、举止，强调人的尊严，强调人与人之间建设性的互助合作，强调公共领域与私人领域的边界，强调职业伦理对职业行为的规范等的现代礼仪。

1. 现代礼仪的特征

1）国际性

随着近代工业的迅速兴起，商品经济、交通、通信事业日益发达，人际交往日趋频繁，人们更需要用“礼节”来调节和增进彼此间的关系，礼仪成了人们社会生活中不可或缺的东西。讲究礼节、注意礼貌、遵守一定的礼仪规范，已成为现代社会生活的一项重要标志。现代社会已经在讲文明、懂礼貌、相互尊重原则的基础上形成了完善的礼节形式。

2）民族性

礼仪作为约定俗成的行为规范，有明显的民族差异性。无论从礼仪的起源还是从礼仪的内涵来看，不同的地域、不同的民族、不同的文化等都会造成礼仪的差异性，也就是礼仪的民族性。正是由于礼仪的民族性，才显示出各自民族不同的文化、不同的宗教观念、不同的习俗等，同时，也正是由于礼仪的民族性，才使得礼仪文化丰富多样、精彩纷呈。

3）继承性

礼仪一旦形成，通常会长期沿袭、经久不衰，这是由礼仪的性质决定的。礼仪不是凭空出现的，它是在不断继承旧的传统礼仪的基础上推陈出新的。旧礼仪中的精华会作为人类文明的结晶而传承下来。如西方礼仪中的很多礼节、礼貌一直延续到现在，成为现代礼仪不可缺少的部分。

4）时代性

礼仪不是一成不变的，它是随着时代的发展而发展的。礼仪是规范和约束人的社会行为的，这一特点决定了礼仪具有一定的滞后性。随着时代和社会的发展，人们必须对礼仪的滞后性进行修正，甚至摧毁，因此，礼仪会在传统观念的基础上不断更新，以适应时代的要求。

2. 现代礼仪应遵循的原则

在日常生活、工作中，要学习、使用礼仪，必须了解一些具有普遍性、共同性、指导性的礼仪原则。在日常生活、工作中，人们应当以现代礼仪为基础，掌握约定俗成的规则，任何胡作非为、我行我素的行为，都是违背现代礼仪要求的。现代礼仪是以平等、适度、自律为原则的。

1）平等原则

现代礼仪以平等原则为基础。平等原则通俗地说就是以礼待人，礼尚往来，既不盛气凌人，也不卑躬屈膝。

平等原则要求我们在处理人际关系时，尤其是在服务接待工作中，对服务对象，不论是外宾还是本国同胞，不论富有还是贫穷，不论年长还是年幼，都要满腔热情、一视同仁地对待，应本着“来者都是客”的真诚态度，以优质服务取得宾客的信任，使他们乘兴而来，满意而去。

2）适度原则

适度原则是指在礼仪交往中要把握分寸，即根据具体情境使用相应的礼仪。例如在与人交往时，既要彬彬有礼，又不能低三下四；既要热情大方，又不能轻浮阿谀；要自尊，不要自负；要坦诚，但不能粗鲁；要信人，但不要轻信；要活泼，但不能轻浮。

运用礼仪时，假如做得过了头，或者做得不到位，都不能正确地表达自己的律己、敬人之意。当然，运用礼仪要真正做到恰到好处、恰如其分，须勤学多练，积极实践，才能有良好的效果。

3）自律原则

礼仪作为行为的规范、处事的准则，反映了人们共同的利益要求。每个人都有责任、义务去维护它、遵守它。各种类型的人际交往，都应当自觉遵守现代社会早已达成共识的道德规范。在人际交往中，交往双方都希望得到对方的尊重，因此我们应该首先检查自己的行为是否符合礼仪的规范要求，主动做到严于律己，宽以待人。只有这样，才能在人际交往中塑造自身良好的形象并得到别人的尊重。

项目二　乘务服务礼仪认知

在了解礼仪基础知识的基础上，我们开始对乘务服务礼仪的基础知识进行学习，乘务服务礼仪的概念和作用、乘务服务理念、乘务服务心理及本项目的介绍重点。

项目知识结构框图

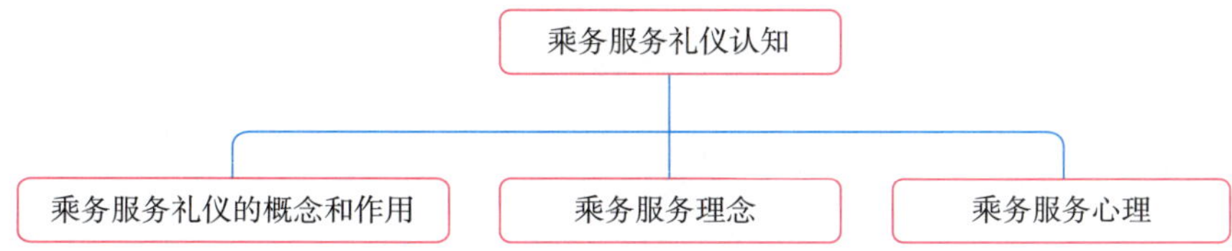

任务一　乘务服务礼仪的概念和作用

任务导语

在对礼仪有了一定的了解后，我们需要对服务礼仪、乘务服务礼仪的基础知识进行认知。本任务在介绍服务礼仪、乘务服务礼仪概念的基础上，对乘务服务礼仪的作用也进行了介绍。

知识点

(1) 服务礼仪的概念和内涵；
(2) 乘务服务礼仪的概念；
(3) 乘务服务礼仪的作用和基本原则。

能力要求

(1) 了解服务礼仪的概念和内涵；
(2) 掌握乘务服务礼仪的概念；
(3) 明确乘务服务礼仪的作用和基本原则。

任务思维导图

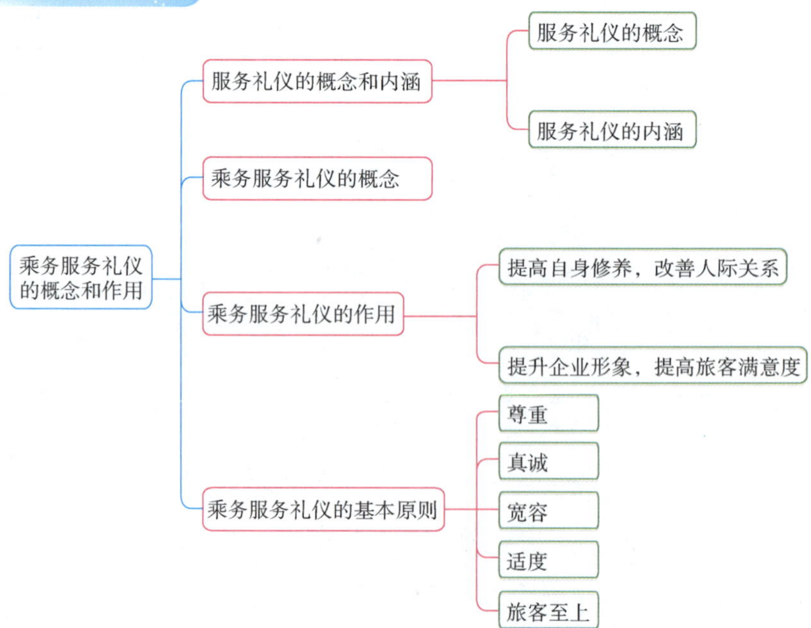

一、服务礼仪的概念和内涵

1. 服务礼仪的概念

礼仪的“礼”表示尊重，即在人际交往中既要尊重自己，也要尊重别人，是一种待人接物的基本要求。礼仪的“仪”字表示仪式，即尊重自己、尊重别人的表现形式。礼仪就是律己、敬人的一种行为规范，是表现对他人尊重和理解的过程和方式。礼仪是为人们所认同，又为人们所遵守，以建立和谐关系为目的的各种符合交往要求的行为准则和规范的总和。

服务礼仪属于礼仪的一种，是指在各种服务工作中形成的，得到共同认可的礼节和仪式，是服务人员在服务过程中恰当表示对服务对象的尊重和与服务对象进行良好沟通的技巧和方法。

2. 服务礼仪的内涵

服务礼仪的内涵主要体现为以下三点。

1）服务礼仪是服务工作的规范或准则

服务礼仪表现为一定的章法，即在投入某项工作之前，应先对该工作领域的习俗和行为规范有所了解，并按照这样的习俗和行为规范去开展工作。

2）服务礼仪是一定社会环境下的约定俗成

在社会实践中，礼仪往往首先表现为一些不成文的规矩、习惯，然后才逐渐上升为公众认可的，可以用语言、文字、动作来做准确描述和规定的行为准则，并成为人们有章可循、可以自觉学习和遵守的行为规范。

3）服务礼仪是一种和谐的人际关系

讲究礼仪的目的是实现社会交往各方的互相尊重，从而达到人与人之间关系的和谐。在现代社会，礼仪可以有效地展现施礼者和受礼者的教养、风度与魅力，它体现着一个人对他人和社会的认知水平、尊重程度，是一个人的学识、修养和价值的外在表现。一个人只有在尊重他人的前提下，自己才会被他人尊重。人与人之间的和谐关系，也只有在这种互相尊重的过程中，才会逐步建立起来。

二、乘务服务礼仪的概念

乘务服务礼仪是乘务人员与旅客交往过程中所应具有的相互尊重、亲善、友好的行为规范和艺术，是“以客为尊、以人为本”理念的具体体现，也是交通运输行业优质服务的重要组成部分。对乘务人员来讲，规范、正确的服务礼仪能够展示自身的外在美和内在修养，能够使乘务人员拉近与旅客的距离，赢得旅客的满意和信任，提升企业形象，实现服

务品牌的增值。

一般来说，可以把我国交通运输行业的服务礼仪的发展分为两个阶段。第一阶段是以管理为目标的乘务服务礼仪，对客运服务质量和服务礼仪方面的要求力度不够，该现象在20 世纪尤为明显，对旅客冷言冷语，甚至是辱骂旅客的现象都时有发生。第二阶段是以服务为目标的乘务服务礼仪，随着经济快速的发展和交通运输系统建设投资的扩大，我国交通流量井喷式增长，乘务服务代表着整个城市的形象，这就导致运输企业对服务质量、服务礼仪的高度重视，把其上升到塑造企业外部形象和塑造城市乃至国家形象的高度。近些年，我国的运输企业开始下大力气提高内部管理控制水平，提升服务质量以获取旅客的高满意度。

对于广大乘务人员来讲，提升自己的服务水平和质量，首先要加强爱岗敬业和职业道德教育，树立正确的人生观和价值观，形成讲奉献、比进取的良好氛围；其次要注重提高自己的服务意识，关注服务细节，掌握整个服务过程中旅客的需求；最后，要从服务形象、服务礼仪、服务姿态、服务用语等基础的技能培训着手，不断改进服务工作，提升服务水平，树立良好的窗口形象。

乘务人员如图 2–1 所示。

(a) 航空乘务人员

(b) 高铁乘务人员

(c) 城市轨道交通乘务人员

(d) 邮轮乘务人员

图 2–1　乘务人员

三、乘务服务礼仪的作用

乘务服务礼仪是乘务人员在其岗位上通过言谈、举止等对旅客表示尊重和友好的行为规范。它是交通运输行业优质服务的重要组成部分，重视乘务服务礼仪不仅有利于员工提高个人的内在修养，而且能够提升运输企业的形象。

1. 提高自身修养，改善人际关系

在人际交往中，礼仪往往是衡量一个人文明程度的标准之一。它不仅反映一个人的交际技巧与应变能力，而且还反映其气质风度、阅历见识、道德情操、精神风貌。运用礼仪，有益于人们更规范地设计个人形象，维护个人形象，也有益于人们更充分地展示个人的良好教养与优雅风度。礼仪还可以使个人在交际活动中充满自信，胸有成竹，更好地向交往对象表达自己的尊重、敬佩、友好与善意，增进彼此之间的了解与信任。

2. 提升企业形象，提高旅客满意度

良好的服务礼仪能够提高旅客满意度，减少投诉的发生。乘务人员每天要面对成千上万不同年龄、不同性别、不同性格和不同文化程度的旅客，每天都要与陌生人沟通。面对同样的问题，有些乘务人员无法平息旅客的怒气，有些乘务人员却能三言两语把问题处理得很妥当，这就是服务礼仪的魅力。

四、乘务服务礼仪的基本原则

1. 尊重

“礼者，敬人也”，这是对礼仪核心思想的高度概括。所谓尊重原则，就是要在服务过程中，将对旅客的重视、恭敬、友好放在第一位，这是礼仪的重点与核心。因此在服务过程中，首要的原则就是敬人之心长存，掌握了这一点，就等于掌握了礼仪的灵魂。在人际交往中，只要不失敬人之意，哪怕具体做法一时失当，也容易获得服务对象的谅解。

2. 真诚

服务礼仪所讲的真诚原则，就是要求在服务过程中，必须待人以诚，只有如此，才能表达对客人的尊敬与友好，才会更好地被对方所理解，所接受。与此相反，倘若仅把礼仪作为一种道具和伪装，在具体的服务工作中口是心非，言行不一，则有悖礼仪的基本宗旨。

3. 宽容

宽容原则就是要求在服务过程中，既要严于律己，更要宽以待人。要多体谅他人，多理解他人，学会与服务对象进行心理换位，不求全责备、咄咄逼人。

4. 适度

适度原则就是要求应用礼仪时，为了保证取得成效，必须注意技巧，合乎规范，特别

要注意做到把握分寸，认真得体。凡事做过了头，或者做不到位，都不能正确地表达自己的律己、敬人之意。

5. 旅客至上

运输企业是从事旅客运输的服务行业，其生产效能是满足人们的出行需要，具有鲜明的社会服务特点。摆正自己与服务对象的关系位置，确立“服务为本，旅客至上”的道德意识，讲求服务信誉，千方百计维护旅客利益，全心全意为旅客服务，是乘务人员职业道德的核心。

任务二 乘务服务理念

任务导语

乘务人员要向旅客提供高标准的优质服务，必须强化乘务服务理念。本任务从三个方面对乘务服务理念进行介绍。乘务人员要将乘务服务理念熟记于心并将其融入实际工作中。

知识点

乘务服务理念。

能力要求

将乘务服务理念融入实际工作中。

任务思维导图

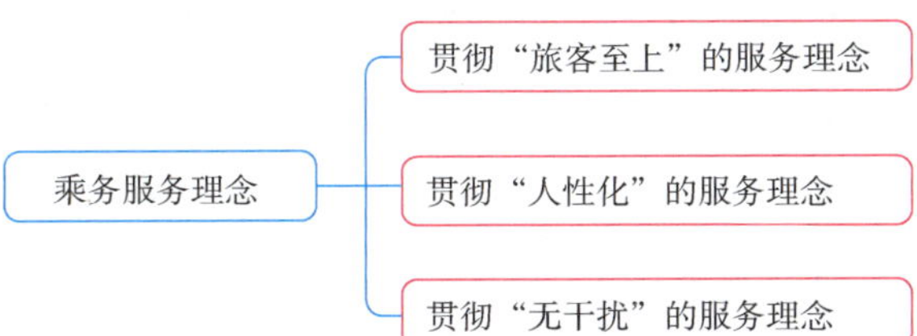

服务理念是指人们从事服务活动的主导思想意识和对服务活动的理性认识。服务理念是在一定的经济、文化环境的影响下，在实践中逐渐形成的。

乘务人员在工作中要贯彻“旅客至上”“人性化”“无干扰”的乘务服务理念。

一、贯彻“旅客至上”的服务理念

客运服务的对象是旅客，为旅客服务是旅客运输的中心工作。旅客是运输企业的衣食父母，必须把他们摆在“至上”的位置，此理念即“旅客至上”理念。这种服务理念是在人们生活水平提高、文化水平提高，以及市场竞争加剧的形势下逐渐形成的。“旅客至上”四个字，内涵丰富，要落实这个理念，须有正确的服务态度并将其贯彻到服务过程的始终。

“旅客至上”的理念是每个乘务人员必须遵循的。在工作过程中，要将全心全意服务旅客作为工作的重要前提，运输企业离不开旅客，旅客是我们服务的对象，旅客的到来，不是对我们的打扰，而是要享受我们的服务。旅客的合理需求应该得到满足，只有感受到热情周到的服务，旅客才会满意。乘务人员应真诚地体谅旅客、理解旅客，当旅客对服务提出意见时，应站在旅客的角度多检讨自己，纠正不足，更好地为旅客服务。

二、贯彻“人性化”的服务理念

旅客在旅行中的需求是运输企业提供服务的前提。旅客需求具有丰富的内容和层次，旅客出门旅行是一种有目的的活动，他们的情绪、愿望随时都会表现出来并带有强烈的个性心理特征。从服务与被服务的关系看，所谓人性化服务，就是乘务人员有针对性地满足旅客旅行个性化需求的服务。从心理学角度分析，人的需求分为生理需求、安全需求、社会需求、尊重需求和自我实现需求等。

就运输而言，基本需求主要指旅客在旅行过程中的基本生理需求，例如安全、准时地到达目的地，提供容身空间、吃饭、喝水、上厕所等便利条件。对所有旅客的基本需求均须满足，乘务服务工作首先要解决旅客的基本需求问题，基本需求不解决，谈不上满足高层次的需求。

在满足旅客的基本需求之后，服务的重点在于满足不同层次旅客的高层次需求。如可重点介绍沿途的名胜、旅游的安全注意事项等；遇节假日可为旅客赠送节日礼品，开联欢晚会；为旅客过生日、为新婚青年开庆祝会等。通过这些活动，丰富旅客的旅行生活，使旅行成为一种享受，这些都是满足旅客高层次需求的表现。

要让旅客不仅“走得了”，更要“走得好”。例如过去运输企业总是把春运、暑运看作是负担，把“走得了”作为运输工作的目标。随着经营理念的改善，运输部门已经把“走

得了”与“走得好”结合起来。以整洁的环境、完善的设施、高附加值的优质服务让广大旅客高高兴兴地到达目的地。“人性化”的服务理念将大幅度提升运输企业的竞争力。

例如，对单独乘车、行动不便的老年旅客、孕妇旅客，全程照顾服务；对残疾、重病旅客，提供轮椅、担架和“120”陪护服务；对VIP贵宾，提供安全、有序、顺畅的等候服务。人们能感受到运输部门对旅客的人性关怀，这便是贯彻“人性化”服务理念的表现。

三、贯彻“无干扰”的服务理念

标准化服务是乘务工作的特色，“无干扰”服务是旅客的需要。为了保证旅客运输的服务质量，运输部门长期执行的是标准化作业，乘务人员严格按作业标准为旅客提供服务。随着“人性化”服务理念的贯彻，开展“无干扰”服务的时机已经成熟。推行“四轻、三动”的无干扰服务法，“四轻”为说话轻、走路轻、关门轻、动作轻；“三动”为旅客坐我勤动，旅客静我少动，旅客睡我轻动。

“无干扰”服务理念在做到“无需求无打扰”的同时，更要注意做到在旅客有需求时，及时提供相应的服务。旅客需要的部分服务如表 2-1 所示。

表 2-1 旅客需要的部分服务

序号	项目	需要的服务	提供服务的单位
1	计划旅行	获得各种详细的信息，如时刻表、客票、目的地旅馆、市内交通等信息	运输部门及相关单位
2	订票	多种便捷的售票、订票服务	运输部门及代理机构
3	托运行李	能方便地托运行李并能委托相应机构进行门到门服务	运输部门及相关单位
4	等候	舒适、安全的等候环境；便捷、安全的行李寄存服务；购物、就餐等商业活动	运输部门及商业机构
5	上车（机、船）	通过明确的指示标志，顺利登乘交通工具	运输部门
6	途中	舒适、安全的环境；正晚点信息；娱乐、餐饮、办公等环境	运输部门及餐饮机构
7	下车（机、船）	准确的到达、停留信息；换乘信息；目的地天气、旅馆信息	运输部门及相关单位
8	离开交通站场	通过明确的指示标志，顺利离开站场	运输部门
9	转乘市内交通	市内交通信息	相关单位
10	旅游或其他事宜	旅游信息或其他相关信息	相关单位

旅行中，旅客需要的服务很多，其中很多项目不是运输部门一家能完全提供的，但对

旅客来说，只要他能以最便捷的方式得到高质量的服务，他不在乎这项服务由谁提供。例如，旅客到达目的地后需要去旅游，如果旅客在交通工具或站场的代理点办理旅游登记能够享受到同等质量的旅游服务，对其而言，也是一种便捷的选择。为了提供全方位、全过程的客运服务，运输部门必须与一些相关单位如邮政、商业机构进行合作，方便旅客的同时，也增强了运输部门的竞争力。

任务三 乘务服务心理

任务导语

运输业属于服务行业，乘务人员要做好服务工作，必须在了解旅客心理的基础上，拥有良好的心理素养。

知识点

乘务服务心理。

能力要求

在了解旅客心理的基础上，具备良好的乘务服务心理素养。

任务思维导图

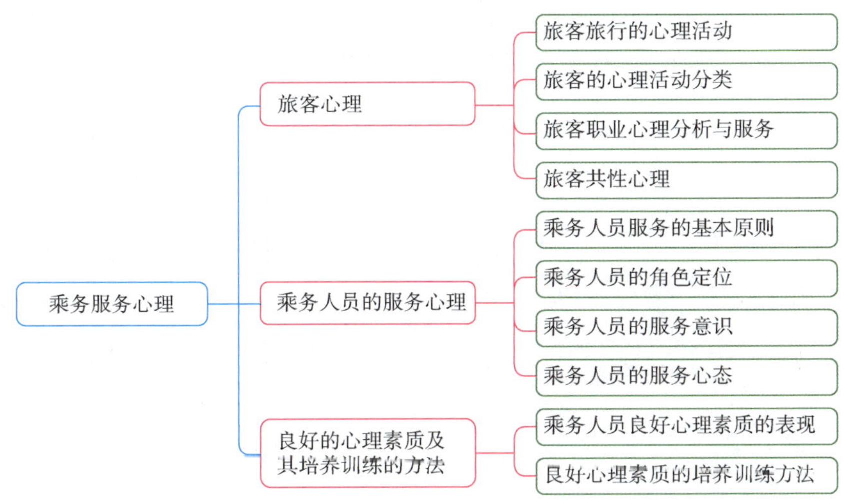

一、旅客心理

1. 旅客旅行的心理活动

人的心理决定着人的行为。人的心理是人参与各项活动的内在动力。不同的旅客有着不同的心理。旅客选择交通工具出行的心理与在其他场合的心理是不一样的，有其特殊性。一个人从购票、进站场到到达目的地离开、验票出站场，其心理活动和行为往往会与平时的表现不同，安全、顺利、快捷、方便、经济、安静等的心理要求会比较突出。进站场能方便、舒适；乘坐时空间较大，空气清新，温度适宜；途中能消遣娱乐，听听新闻、看看文艺节目；希望能够提前通报到站站名，避免坐过站、下错站；出站时导引清楚，方便快捷，这些心理的满足是与其他场合不一样的，乘务人员必须了解这种特殊性，才能有针对性地做好服务工作，让旅客满意。

按照人类心理活动的规律性和层次性，可以把旅客旅行心理分为两大类：生理需求心理、精神需求心理。生理需求，也称为物质需求，包括吃、住、用等方面，其要求安全、舒适、方便、卫生。人们出门在外，首先顾虑的就是身体的安全和健康，只有在安全的前提下，才能顺利进行旅行活动并到达目的地。人们离开家门时，亲人、朋友都会预祝其“一路顺风”，意思就是平平安安到达目的地。这充分表明了人们把安全需求放在头等重要的地位。如果安全的需求得不到满足，这将是无法忍受的，会导致不良情绪的产生，使旅客烦闷、焦躁不安。

精神需求，是除了生理需求之外的其他需求，精神需求要求得到别人的关心、尊重、理解。乘务人员的关心、理解、尊重对旅客的旅行至关重要。旅客在站场及交通工具上难免产生寂寞感和孤独感，需要同别人接触交谈，需要相处和谐、愉快，希望欣赏歌曲、文娱节目。特别是老年旅客、行动不方便的旅客、带小孩的旅客更需要乘务人员给予特别的关心和照顾。

2. 旅客的心理活动分类

1）按自然构成分类

旅客的自然构成是指旅客性别、年龄的自然状况，如旅客按性别分男旅客、女旅客；按年龄分老年旅客、中年旅客、青年旅客、少年旅客、儿童旅客等。不同性别、不同年龄的旅客，其旅行目的、旅行需求、心理活动的表现方式等都是有区别的，应针对不同的对象，采取不同的服务方式。

2）按社会构成分类

旅客的社会构成是指旅客在职业、种族、国籍等不同的社会因素上的差异。不同的文化素养，从事不同的职业，不同的经历和经济收入，其心理需求便不一样，心理活动的表现形式也是不一样的。乘务人员应按旅客的社会构成来差异性地满足旅客的不同心理需求。

3. 旅客职业心理分析与服务

在社会生活中，由于职业的不同、经济收入的不同，形成不同的心理活动和需求是很正常的，因此，应根据不同职业旅客的心理活动，提供有针对性的服务。下面对工人、农民、公务员三种职业的旅客的心理进行分析。

工人旅客组织性、纪律性较强，经济收入不高，能体谅乘务人员工作的辛苦，能较自觉地遵守规章，协助和支持客运服务工作。

农民旅客出门打工谋生，他们往往是成群结队出行，携带的物品比较多，由于人数众多，又爱集中出行，容易形成客流高峰。如果是第一次出门，缺乏乘坐交通工具的常识，不会使用自动售、检票机，听不懂广播的内容，乘务人员对他们的询问要耐心给予解答。

公务员旅客有一定的文化修养，知识面广，希望有一个整洁卫生、安静舒适的环境。他们关心服务工作，很注意乘务人员的服务态度、服务作风、服务水平，常常提些意见和建议。因此为他们服务时尤其要注意做到文明礼貌、热情周到。

4. 旅客共性心理

旅客共性心理主要表现在要求人和物品快捷、安全到达目的地，环境舒适，人格受到尊重等方面。

1）要求方便快捷的心理

旅客选择交通工具出行，方便快捷是重要的考虑因素，乘务人员应竭尽全力满足旅客要求方便、快捷的心理。例如，高效稳妥地组织旅客上、下车（机、船）及乘坐电梯，到达前，通告到站站名，等等，这些服务可以使旅客感到方便，心情舒畅。

2）要求安全的心理

所谓“一路平安”就是不发生任何旅客人身安全和财物安全的意外事故，这是大家的共同愿望。安全是旅客最核心的要求，运输企业必须保证旅客乘坐交通工具位移时，不发生运行、火灾、爆炸等事故，这就要求乘务人员将安全管理工作放在第一位，全力保证旅客的安全。

3）要求环境舒适的心理

随着人们生活水平的提高，旅客出门旅行的要求越来越高，对卫生环境的要求也越来越高。如果交通工具站场内是一个脏、乱、差、异味弥漫的环境，旅客自然心中不快；如果是一个清洁、卫生、舒适的环境则会使旅客心情愉快。

4）要求人格受到尊重的心理

尊重的需要包括自我尊重和得到别人的尊重。旅客不仅需要得到乘务人员的服务，更需要得到尊重，不能用不礼貌的语言和行为对待旅客，需要给予旅客包括国籍、民族、风俗习惯、兴趣爱好、年龄、性别、体态特征等方面的尊重。旅客在列车上，希望听到乘务人员对他们的尊称；希望乘务人员对他们热情而有礼貌，不说粗话、不讲脏话，说话态度和蔼。对经济收入不高的旅客，乘务人员不能流露出丝毫看不起的神态。对生理有缺陷的旅客，乘务人员不能有歧视的态度，要尽量提供方便，给予同情和照顾。有过错的旅客，也希望得到乘务服务人员的谅解和尊重，因此，乘务人员对旅客要一视同仁，平等待客，不以貌取人，不居高临下，不盛气凌人，坚持礼貌待客，微笑服务，做到旅客上车有迎声，问事求助有回声，工作失礼有歉声。

5）要求轻松愉快的心理

在交通工具上，人员集中，活动空间有限，空气不流通，容易使人心烦和困倦。为使旅客摆脱这种心理状态，可以通过播放旅游知识节目、文艺娱乐节目等形式增加旅行的情趣，旅客不仅可以增加一些见识，而且会感到轻松愉快。

二、乘务人员的服务心理

1. 乘务人员服务的基本原则

很多矛盾冲突往往是由于双方在交往过程中缺乏彼此的尊重所造成的，比如，乘务人员对于有意见的旅客反唇相讥，拿旅客的言行当谈资，以貌取人等，造成旅客对服务态度的投诉等。因此，乘务人员首先要学会尊重旅客，把握尊重旅客、理解旅客的服务内涵，学会从旅客的角度看待和处理问题。

1）热情待客

乘务人员在工作中不仅不能怠慢、排斥、挑剔旅客，而且还应积极、热情、主动地接近旅客，淡化彼此之间的戒备、抵触和对立情绪，将旅客当作自己家人看待。

2）重视旅客

乘务人员对旅客的尊重应表现为真诚对待旅客，主动关心旅客的需求和感受。

3）赞美旅客

乘务人员应善于发现旅客的优点并进行发自内心的赞美。从心理学的角度来讲，每个人都喜欢听赞美之词，所有人都希望自己能够得到别人的欣赏与肯定。

2. 乘务人员的角色定位

(1) 乘务人员是旅客的秘书，许多旅客对运输设备、设施和服务内容都不够了解，乘务人员应该向旅客进行耐心解释和热情服务，消除旅客的疑惑，为旅客提供满意的服务。

(2) 旅客是运输企业及乘务人员的衣食父母，乘务人员的工作职责就是为旅客提供满意的服务，让旅客感觉到“宾至如归”，想旅客之所想、急旅客之所急，这样才能提升旅客的满意度和信任度。决不能对旅客不理不睬，置若罔闻。

(3) 乘务人员还应根据运输行业的特点，在服务内涵方面进行准确定位，按照社会对自己所扮演的角色的常规要求、限制和看法，来对自己的形象进行设计。

3. 乘务人员的服务意识

(1) 服务意识是满足旅客潜在需求的服务能力。乘务人员要能及时、准确地发现旅客的潜在需求，主动关心旅客，学会察言观色，主动与旅客沟通，通过旅客的言行举止来发掘旅客的潜在需求，尽可能地满足旅客的要求。

(2) 积极主动地为旅客着想。乘务人员身负为旅客服务的责任，应该积极主动地想旅客之所想，急旅客之所急，为旅客排忧解难。

(3) 耐心周到地为旅客服务。乘务人员应该根据不同旅客的性格特点，耐心地为旅客办理业务、解答咨询，用心为旅客服务。

4. 乘务人员的服务心态

很多乘务人员在服务的过程中受到旅客情绪波动的影响或由于工作中不顺心的事情而影响了为旅客服务时的态度和质量，牢骚满腹，甚至将不高兴的情绪传染给所服务的旅客，这必然会对旅客的心情产生影响，导致旅客对服务工作不满意。我们应清醒地认识到为旅客服务是每一位乘务人员的基本职责，不应该把自己的情绪带到工作中来，不能影响运输企业对外的形象。如果不积极调整自己的情绪，没有大局观念，就会直接影响到旅客对服务工作的满意度和自己的职业发展。

三、良好的心理素质及其培养训练的方法

1. 乘务人员良好心理素质的表现

1）情绪控制能力

情绪控制能力包含准确认识和表达自身情绪的能力、有效调节和管理情绪的能力两个方面的内容。

当客流量大的时候，情绪控制能力较强的乘务人员，能保持不急不躁、不慌不忙、镇定自若、沉稳冷静的情绪进行正常工作；情绪控制能力较弱的乘务人员，则表现为惊慌失措、思绪混乱、顾此失彼、额头和掌心冒汗、语调失控。当客流量小的时候，情绪控制能力较强的乘务人员能保持良好的精神面貌；情绪控制力较弱的乘务人员又呈现精力难以集中、心不在焉、掉以轻心的状态。因此，乘务人员拥有良好的情绪控制能力是非常重要的。

2）沟通协调能力

性格内向、孤僻、冷漠、敏感的乘务人员在沟通协调能力方面往往比开朗、大度、坦诚、友善的乘务人员要差得多。

3）语言表达能力

语言表达能力对于乘务人员来说极其重要，语言是和旅客进行沟通的关键所在。有良好的语言表达能力才能为旅客更好地服务。因此，具备良好的语言表达能力是每位乘务人员必备的素质。

4）良好的意志品质

(1) 自我激励。

无论身处怎样的境地，都应具有将自己的热情、能力调动起来形成强大动力的思想意识，只有具备这样的思想意识，才能始终保持乐观自信、积极进取的心态。

(2) 对学习、工作有浓厚兴趣。

无论是谁，如果他对自己所做的事情没有兴趣，他是不会积极主动地去完成这件事情的，即使有外在的压力迫使，让他不得不去做，他也不会心甘情愿地去完成任务。相反，一个人从事自己所喜欢、感兴趣的工作，即使面临再大的困难，他也会积极地想办法去解决困难，完成任务。乘务人员要对自己从事的乘务事业保持浓厚的兴趣，用积极的心态去工作。

2. 良好心理素质的培养训练方法

心理素质主要体现在人的情绪、意志品质、气质和性格等多个方面。其实，对于乘务人员来说，坚忍的品质是心理素质中最为重要的素质之一，什么是坚忍？即坚持加忍耐。具体来说就是不受自己情绪的干扰，不受外界眼光及言论的影响，冷静从容地做自己该做的事。不祈求奇迹、不依赖他人、不满足现状、不放弃诚信，把改变现状、达成目标的责任承担起来。培养良好的心理素质要做到以下几点。

1）学会控制情绪

乘务人员在为旅客进行服务的时候可能会遇到一些刁蛮、说话粗鲁或是动手动脚的旅客，这时一定要控制好自己的情绪，一定要心平气和地对待每一位旅客。

2）要正确地认识、肯定自己

一个人不自信主要表现在以下 2 个方面：一是缺乏成功的体验；二是缺乏客观公正地进行自我评估的能力。要抛弃自卑，就要战胜自我，战胜自我的前提是必须客观地了解自己，所谓“知己知彼，百战不殆”。乘务人员要为自己树立一个目标，要有坚定的信念，相信通过自己的努力能够实现这个目标，同时也要对自己有一个科学、合理的评估。

3）克服惰性思想

一个人的惰性对于工作的消极作用是非常可怕的。无论什么样的技巧或方法，一定要付诸实践，不能纸上谈兵。我们必须克服惰性思想，要积极地去面对每一项工作。

4）认真审视自己

要正确地审视自己的缺点，不断地提升、锻炼自己。

(1) 具有充分的适应力。

(2) 不脱离现实环境。

(3) 善于从经验中学习。

(4) 能保持良好的人际关系。

(5) 能适度地发泄情绪和控制情绪。

5）学会与人沟通，习惯与陌生人交往

有些人害怕和陌生人接触、交往，这就是心理素质欠缺的体现。我们应该打开心扉去接受这个世界的未知，锻炼出良好的交际沟通能力和面对陌生环境的良好适应能力。旅客

对于乘务人员来讲，绝大多数是陌生人，只有我们把他们当作自己的家人或朋友，为旅客服务时才不会有紧张感，才能够自然而然地满足每一位旅客的需求，才不会因自己的紧张或其他原因而造成工作上的失误。

良好的心理素质是其他礼仪的基础，是每一位乘务人员必须掌握的基本服务素养。乘务人员要在日常工作、生活中通过训练来培养自己良好的心理素质。

项目三　乘务服务礼仪实务

在对礼仪、服务礼仪、乘务服务礼仪有所了解的基础上，我们开始对乘务服务礼仪实务知识进行学习。本书从乘务人员形象礼仪和乘务服务语言礼仪两个角度来对乘务服务礼仪实务进行介绍。

项目知识结构框图

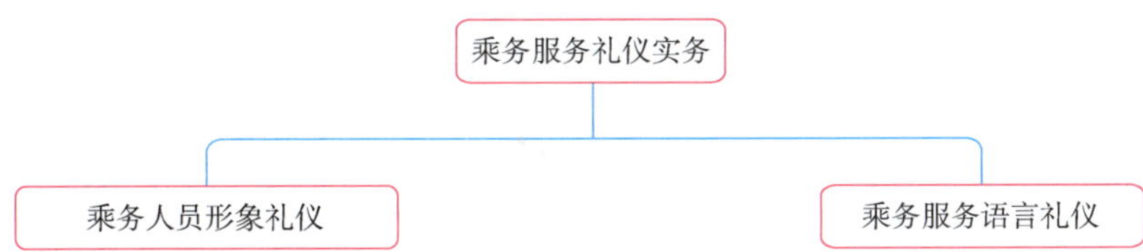

任务一 乘务人员形象礼仪

任务导语

乘务人员要在工作中具备良好的形象，必须树立仪容美的意识并在实际工作中运用优美的站姿、坐姿、走姿、蹲姿、手势等礼仪为旅客服务。本任务从以上几个方面对乘务人员形象礼仪知识进行介绍，乘务人员可运用相关方法塑造自身良好的形象。

知识点

(1) 形象礼仪的重要性；

(2) 仪容、仪表、仪态礼仪的具体要求。

能力要求

(1) 树立仪容美的意识；

(2) 学会运用优美的站姿、坐姿、走姿、蹲姿、手势等礼仪为旅客服务。

任务思维导图

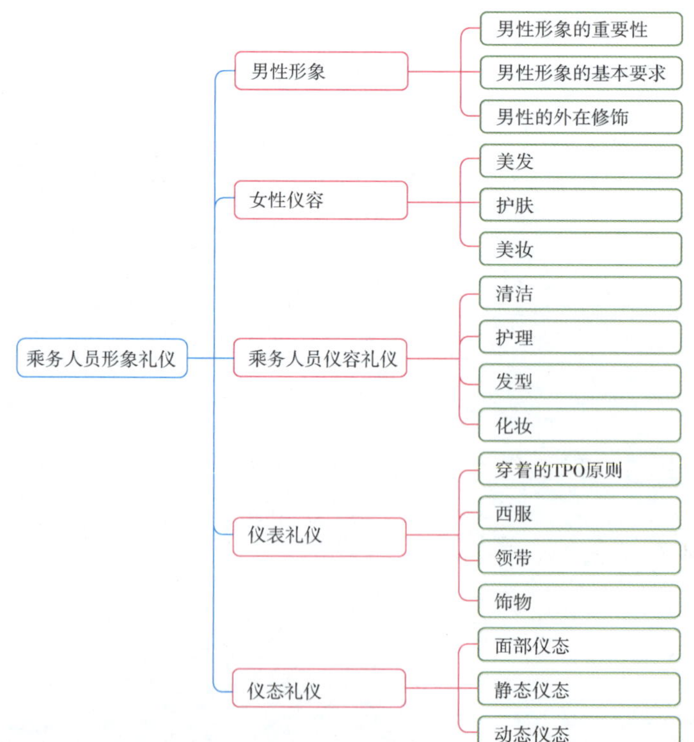

仪容指人的容貌，它是由发型、面容及人体所有未被服饰遮掩的肌肤（如手部、颈部）等所构成的。仪表是容貌、服饰、姿态等多个方面的整体感觉，是一个人的静态形象，仪态则是一个人的动态形象。在交往过程中，仪表、仪态会引起交往对象的特别关注并影响到交往对象对自己的整体评价。

一、男性形象

大多数人认为，爱美是女性的天性，男性的外在形象不是十分重要。有些人甚至认为，男性大大咧咧、胡子拉碴、衣衫不整才有男性的魅力。殊不知一个头发杂乱、衣冠不整、眼神散漫的男性，是不会给人留下良好印象的。随着生活水平的不断提高，人们越来越关注自身的外在形象，无论男性还是女性，自身形象都显得越来越重要。男性爱美虽然不必像女性那般细致，但若不注意自身形象，也会妨碍个人职业的发展。

良好的男性仪容如图 3-1 所示。

图 3-1　良好的男性仪容

1. 男性形象的重要性

许多人在自己的事业发展中都更看重自己的专业技能水平，而忽视了个人形象的重要性。他们相信业务能力、敬业精神和勤勉态度会让他们的事业发展得很好，但是，仅有这些条件是不够的。有很多优秀的人常年在一个位置上停留，并不是他们缺乏才智，也不是他们不够努力，而是他们没有在恰当的时机展示出他们的魅力，他们的外在形象让人感觉“他不适合更高的位置”。

如果仔细观察我们所熟知的成功人士，例如马化腾、雷军、俞敏洪等，他们无不有着良好的个人形象。形象应该是我们发展的助推剂，而不是我们获得成功的附赠品。成功的形象并不等同于拥有漂亮的外表，也不是为了让交往对象感到赏心悦目，而是它可以展示出我们自身的品质：自信、尊严、力量、能力，等等，让我们浑身都散发出一个成功者的魅力。

2. 男性形象的基本要求

松下幸之助是日本松下集团的创始人，在其创业之初，发生了一件影响他一生的事情。一天，松下幸之助去理发，当理发师得知这位年轻人正在创办一个全新的企业时，他建议这位年轻人一定要到东京最好的理发店，找最好的理发师理发。理发师告诉年轻的松下幸之助："您的形象就是企业的形象，所以您一定要以最好的形象展示给别人。"松下幸之助接受了理发师的忠告，从此以后非常注意自己的个人形象，不惜搭乘两小时的火车前往东京理发，可见个人形象对一个人的成功十分重要。

个人形象既包括职业形象，也包括社交形象、生活形象。下面是通常情况下男性对外公众形象的一般要求。

1）个人卫生

(1) 头发要干净、自然。

男性的发型应简单朴素、稳重大方，不宜留鬓角，不宜染发、烫发，最好不要留中分发型。通常男性不留长发，男性头发合适的长度应该是前不覆额、侧不遮耳、后不及领。

男性在平时工作、生活中要保持头发整齐干净，不能给人油光发亮、头屑四散、发型怪异的感觉，每天洗头发可以有效防止头发出油、掉屑。

(2) 面部要清洁、不留胡须。

首先，男性面部油腻不仅影响美观，还容易引起痤疮、皮炎、粉刺、毛孔粗大等皮肤问题。要改善面部过度出油的状况，须避免压力过大、工作劳累、夜间休息不好、烟酒过度等情况，还可以选用控油型的洁面产品，通过经常洁面使面部皮肤出油的情况得到改善。

其次，男性的胡须最容易影响面部的卫生与美观，所以要将胡须刮净。除从事艺术类工作的男性，从事其他工作的男性应避免留胡须，从事乘务等服务性工作的男性更应如此。

最后，男性的鼻毛、耳毛都要及时修剪，不能外露，否则会影响个人仪表的美观。

(3) 口腔要清洁、卫生。

男性口腔要做到无异味、无异物，男性应时刻保持牙齿的清洁。牙齿发黄或有牙垢时，要去医院或专业机构进行洗牙。在上班前或出席会议、进行访问、参加集会之前，不要吃蒜、葱等带有刺激性气味的食物，也不要饮酒、吸烟，以做到口腔清洁、卫生。

(4) 手部要清洁、卫生。

手是日常工作中活动最频繁的肢体，必须保持其洁净、卫生。尤其是从事乘务服务等服务性工作的男性工作人员更应时刻注意手部的卫生。不要留长指甲，指甲内也不应留有异物。

(5) 鞋袜要清洁、卫生。

“脚下无礼，脸上无光”。穿鞋应注意：鞋面无尘、鞋底无泥、鞋内无味、鞋袜合适。工作场合，男性的皮鞋应以深色为主，如黑色、棕色或灰色，不要穿太陈旧的皮鞋，鞋跟不要太高。皮鞋最好有两双以上，可以换着穿。将穿过的鞋子放置在通风处，勤换袜子和鞋垫可以有效去除鞋内的异味。在袜子的选择上，应穿深色质地好的袜子，如棕、深蓝、黑或灰色，不要穿浅色、透明的袜子。

(6) 身上无异味。

男性的汗腺一般较发达，出汗后身上会产生一些异味，这些异味可能会使人感觉厌恶。刚出过大汗的男性应洗澡并换上干净的衣服，还可在腋下胸前等易出汗的部位涂一点儿止汗香剂再前往公众场合。如不具备立即洗澡的条件，则须注意与他人保持一定的距离。吸烟的男性最好在与人交谈时停止吸烟并注意交往距离，不要过近地与他人面对面谈话，吸烟后最好能嚼点口香糖以去除异味。

2）衣着打扮

衣着打扮体现了我们的性格、职业、精神面貌，还体现着特定场合中的礼仪规范。男性乘务人员在着装时应注意以下细节。

(1) 三一定律。

鞋子、腰带、公文包三处保持一种颜色。

(2) 三大禁忌。

衬衫四边露在外，袜子颜色不搭配，帽子佩戴出问题。

配发制服的男性乘务人员在工作场合应穿制服。

男性乘务制服如图 3–2 所示。

3）精神面貌、行为举止

男性形象与其精神面貌有很大的关系。乐观坚强、成熟稳重、幽默开朗的男性往往更受关注。如果仅有出众的外貌，但整日精神不振、目光呆滞、唉声叹气，这样的男性无法给人带来良好的印象。

良好的精神面貌可以有效地提升自身的职业形象，使人更具吸引力。在人际交往过程中，男性应特别注意自己行为举止，避免一些不礼貌、不雅观的姿态，应注意做到以下几点。

(a) 男性航空乘务制服

(b) 男性铁路乘务制服

(c) 男性城市轨道交通乘务制服

(d) 男性邮轮乘务制服

图 3-2　男性乘务制服

(1) 呈坐姿时，要坐稳、坐正，不要有意无意地抖动双腿，或者让跷起的一条腿像钟摆一样晃动，这会给人以轻浮、不礼貌的印象。

(2) 不能随意吐痰、打嗝、挖鼻孔，这样既不卫生，也会让旁人产生反感情绪。在吐痰、擤鼻涕时应该背对他人，用纸巾包裹后丢进垃圾箱，或是去洗手间内进行。

(3) 吃东西时嘴巴不能发出“吧唧吧唧”的声音，避免产生餐具碰撞的声音，嘴里有食物时也不要与他人讲话。

(4) 不要当众抓头发、挠耳朵、剪指甲、剔牙。

(5) 不能当众打哈欠。在公众场合，打哈欠给对方的感觉是你已经不耐烦了，因此，打哈欠时要背对他人，或用手捂住嘴再打哈欠。

3. 男性的外在修饰

男性的服饰不如女性的服饰颜色丰富、款式多样，男性的装饰品种类也不如女性的丰富多样。男性的修饰主要在于数量不多的几个细节，衡量男性的形象、品位往往也是看这

几个细节。

1）眼镜

有些男性会选择隐形眼镜，但是框架眼镜也可以体现男性斯文、睿智而温厚的形象，同时也不乏时尚气息。

佩戴眼镜要注意以下几点。

(1) 眼镜要与脸形相配。

脸形决定着镜架的形状。选择镜架时，应该根据面部的情况反其道而行，例如，脸很圆的人就不宜再戴圆形的眼镜。

(2) 合理选择眼镜的款式、风格。

传统的大边框眼镜是政务人士稳妥的选择；无镜框及小镜片眼镜是时尚款式，适合商务人士和年轻人；佩戴纤细镜框眼镜的男性显得细致、温文尔雅；佩戴粗重框架的眼镜则显得男性时尚且不失沉稳。

(3) 镜架的颜色展露气质。

镜架的颜色应该与佩戴者的面色、发色、服装相协调。金、银色金属框架透露着高贵典雅的气质、谨慎的风格，尽显成功人士的智慧光彩；宝石蓝及茶、褐色边框，很受追求个性与创意的新潮人士的欢迎。

(4) 慎重选择镜片的颜色。

略带一些色彩的镜片不会太引人注意，在室内使用也很舒适，可以为佩戴者增添一些个性特征。墨镜主要适合在阳光强烈的室外活动时佩戴，以防强烈阳光的照射和紫外线的伤害，室内不宜佩戴。乘务人员在岗工作时不能戴墨镜。

(5) 镜片应擦拭干净。

工作再忙碌、时间再紧迫，都不要忘记经常擦拭镜片以保持镜片的干净。这不仅对保护自己的视力有益，也会让人感到舒适。另外，切忌佩戴镜片或镜架残破的眼镜。

适合职业男性佩戴的眼镜如图 3–3 所示。

图 3–3　适合职业男性佩戴的眼镜

2) 手表

手表既是指示时间的重要工具，也是品位与身份的象征。

职场人士多佩戴机械表，应尽量选择优质手表。优质手表外壳应光滑、表盖旋合处应吻合严密，没有划痕。表面玻璃的透明度及表盘和表针的镀层光洁度也应该加以留心。

男性在正式场合所戴的手表，在造型方面应当庄重、保守，避免怪异、新潮。造型新奇、颜色花哨的手表，如时装表、卡通表等，仅适于年轻女士及少年儿童。一般而言，正圆形、椭圆形、正方形、长方形手表，适用范围较广，特别适合在正式场合佩戴。

男性在正式场合所戴的手表，在色彩方面应避免繁杂凌乱，一般宜选择单色手表、双色手表，不应选择三色或三种颜色以上的手表。不论是单色手表还是双色手表，其色彩都要清晰，不能混杂。金色表、银色表、黑色表，即表盘、表壳、表带均为金色、银色、黑色的手表，是最理想的选择。

适合职业男性佩戴的手表如图 3-4。

图 3-4　适合职业男性佩戴的手表

3) 皮带

随着近年来办公室服装休闲风格的兴起，皮带与领带一样，日益显得个性化，但乘务人员仍应使用传统的，以黑色及棕色为主的传统皮带。男性选择皮带时，应该注意以下几点。

(1) 皮带的搭配。

皮带的颜色一般应比裤子的颜色略深，并且皮带的色泽与质地应与鞋子协调。一般来说，着装风格越显得休闲，可供选择的皮带范围就越宽。色泽较浅的皮带更适合于休闲风格的着装。

(2) 皮带扣的风格。

一般而言，针扣比自动扣更显品位。金色的钩扣最能展现高贵的气质；铜质的钩

扣则让人领略到男性的阳刚和力量。宽大的“回”形扣充分显露出男性的刚毅；椭圆形扣展示了男性的成熟；方形扣代表着男性的沉稳。有时，皮带扣的品牌亦是男性身份的象征。

(3) 皮带的装重性。

工作场合，皮带上不能携挂物品。应避免使用带有珠宝或广告语的皮带。

(4) 皮带的长度。

皮带的长度要合适，系好后的皮带，尾端应介于第一和第二裤襻之间。

(5) 皮带的宽度。

皮带的宽度应保持在 3 cm 以上，太窄的皮带会减弱男性的阳刚之气，太宽的皮带则只适合搭配休闲裤、牛仔裤。

适合职业男性使用的皮带如图 3–5 所示。

图 3–5　适合职业男性使用的皮带

4）公文包

男性的公文包，被称为“移动式办公桌”。一些公文包的设计通过夹层、侧袋、内置小袋等方式，使得携带公文包外出工作犹如坐在办公桌前一样方便。

公文包的面料以真皮为宜，且以牛皮、羊皮为佳。黑色、棕色的公文包是最常见的选择。

男性公文包，以手提式的长方形公文包最为常见。公文包的大小以能够装下普通文件夹为宜。

使用公文包有如下四点基本要求。

(1) 不宜多。

外出办事，可以携带公文包。手机、钥匙、名片、纸和笔都可以放入公文包内。但不宜同时携带多个公文包。

(2) 不张扬。

使用公文包前，须先拆去所附真皮标志。不应在他人面前显示自己所用公文包的名贵和高档。选择公文包应与自己的职业、职位、办公环境相协调。

(3) 不乱装。

将随身携带之物尽量分类装入公文包内的既定之处，这样取用方便。无用之物不要放在包内，尤其是不要让包“过度膨胀”，影响美观。

(4) 不乱放。

进入办公室，应将公文包自觉放在自己就座之处，勿将公文包随便放在桌、椅之上。在公共场所，不要让公文包的摆放有碍于他人。

适合职业男性使用的公文包如图 3–6 所示。

图 3–6　适合职业男性使用的公文包

5) 香水

男性用香水来装点自己早已被现代社交礼仪所允许，但是，如果香水使用不当，也会使男性显得不够优雅，下面介绍一些香水的使用常识。

(1) 适用部位。

很多人误以为香水喷于腋下可以遮掩体味，其实不然。香气一旦混合腋下的味道，会产生一股怪味。香水的正确使用方法是将香水喷洒于耳后、颈部、胸部、手肘内侧、膝盖后、手腕、脚踝等处，这些部位因为有动脉跳动，香气会逐渐向周围扩散。

(2) 使用量。

使用香水时不要一次喷得过多，少量而多处喷洒效果最佳。

(3) 使用技巧。

① 沐浴后身体湿气较重时，将香水喷于身上，香味会释放得更明显。

② 若想制造似有似无的香气，可将香水先喷于空气中，然后在充满香水的空气中转圈，让香水均匀地落于身上。

③ 香水的类型不同，香气的持续时间也不同。要注意适时补洒香水，以使香气持久。

(4) 使用禁忌。

① 忌混合。一次使用多种香水或是香水味与烟味等气味混合，都会给人带来不适之感。尤其是在使用发胶等有香气的化妆品之后，应避免使用香水，否则诸香争宠，气味难辨。

② 忌浓、忌多。一次不应喷洒过多的香水，否则会让人觉得是在刻意遮掩其他气味。浓重的香气也会让人嗅觉不适。尤其是在出席宴会时，应选择清淡香型的香水，否则会影响用餐时的味觉。

③ 男性忌用女性香水。男性宜选择纯净、淡雅、自然香型的香水，以显示男性成熟、高雅、大气的风格，而不宜选用女性香水。

④ 香水应避免喷洒在宝石或皮革上。香水通常具有化学成分，若碰到宝石或皮革会产生化学反应。

⑤ 皮肤敏感者应慎用香水，切忌将香水直接、大量喷洒于皮肤上，以避免皮肤变色、发痒。皮肤敏感者可将香水喷于内衣、手帕、衣角内侧。

二、女性仪容

虽然我们不提倡“以貌取人”，但保持良好的仪容是对他人的一种尊重。女性要提升形象，让自己拥有高雅的气质，须学习并掌握一些仪容的基本知识。

良好的女性仪容如图 3–7 所示。

图 3–7　良好的女性仪容

1. 美发

1) 发型的选择

发型应该适合自己的脸形，下面从脸形的角度出发，介绍各种脸形所适合的发型。

(1) 长形脸。

长形脸的女性可将头发留至下巴，留刘海，或将两颊头发剪短些，这样可以在视觉上减少脸的长度感而加强宽度感，也可将头发梳成饱满、柔和的形状，使脸有较圆的感觉，不宜留平直、中间分缝的头发，也不要留太短的头发或将头发全部往后梳。

(2) 椭圆形脸。

椭圆形脸是女性最完美的脸形，采用长发型或短发型都可以。

(3) 圆形脸。

圆形脸常会显得孩子气，所以发型不防设计得老成一点，头发可分缝且宜长，这样可使脸显得长一些。也可将头发侧分，头发较少的一边向内略遮脸颊，头发较多的一边可自额顶做外翘的波浪，这样可“拉长”脸形。

(4) 方形脸。

方形脸的女性宜将头发向上梳，轮廓可蓬松些，目的是使脸变得稍长。也可在两侧留刘海，但不宜把头发剪得太短或压得太平整。前额可适当留一些长发，但不宜过长。

(5) 心形脸。

心形脸的女性要确保头发遮住尖尖的下巴。

发型的选择还应该考虑与自己的气质、服饰、年龄相协调。例如，剪一个活泼顽皮的男孩头，却穿着一身职业女性的成熟套装，非但达不到提升形象的效果，反而透出滑稽之感。

发型的变换有时会比发型本身更为重要，女性改变自身形象、气质的有效方式不是服装，而是发型。发型一变，人的形象立刻会有明显改变。

2）发型的要求

(1) 窗口岗位工作者，一般不宜将头发染成除黑色以外的颜色，不宜梳披肩发，头发不宜遮盖眼睛及眉毛，不能梳怪异的新潮发型。

(2) 在工作中，发型要简洁、美观、大方，以中长发或短发为宜，戴帽时头发不宜外露。

(3) 要保持头发的清洁，勤于梳洗。

(4) 除必要的固定头发用的黑色发卡及统一配发的发饰外，不宜戴其他发饰。

3）头发的保养

衡量一个人是否健康，可以看他头发的质量，而衡量一个人的头发是否健康，一般要

从头发的卫生、颜色、光泽、质地等方面进行判断。健康的头发应保持清洁、整齐，没有头垢、头皮屑；柔润、有自然光泽、具有弹性；不粗不硬、不分叉、不打结；疏密适中、不枯萎；不因阳光灼晒、染发、烫发而使头发发生性状变化。

2. 护肤

护肤可以分为日常基础护理和专业护理两种。日常基础护理是我们每天都必须履行的护肤步骤，若皮肤出现问题，每日还要加强保养。专业护理又称特殊护理，是指定期进行磨砂、按摩、敷面膜等护理步骤，促进面部的血液循环，增加肌肤的弹性与光泽，供给肌肤水分和养分，让肌肤处于健康状况。

护肤重在保养皮肤，使得皮肤保持健康、延缓衰老。因此，要长期坚持护肤并须护理得法，切忌急于求成，期望迅速见效。

无论采用什么方式来保养皮肤，都有三大基本步骤要把握：洁肤、爽肤、润肤。

1）洁肤

(1) 洁肤产品的选择。

市面上洁肤产品种类繁多，主要可分为洁面霜、洁面乳、洁面凝胶及最新的洁肤棉等。洁面霜多适合油性皮肤使用；洁面乳多适合干性皮肤使用；洁面凝胶多适合中性皮肤使用。洁肤棉适用于敏感皮肤和受损型皮肤使用，它是一种新的洁面产品，其特殊的纤维织布能温和地清洁脸部，去除老化角质并对脸部进行滋润与按摩。

常用洁肤产品如图 3–8 所示。

图 3–8　常用洁肤产品

选择适合自己的洁肤产品时，可依照是否有卸妆与清洁的双重需求、皮肤的类型及个人喜欢的洁面方式等来进行。在洁肤过程中不能对皮肤造成损伤，不能影响皮肤的正常生理功能。

(2) 洗脸时水温的调节。

热水能溶解皮脂，松弛皮肤，扩张血管，开放汗腺口，促进代谢产物的排出，其去污作用较冷水强，所以油性皮肤的人宜用热水洗脸。但过多地使用热水洗脸又会使皮脂减少而使皮肤干燥。冷水能使血管收缩，促进汗腺口和毛孔闭合。交替用热水和冷水来洗脸，则可促进皮肤的血液循环，使皮肤富有光泽和弹性。只有毛孔畅通了，皮肤才能更好地吸收护肤品，进而达到事半功倍的护肤效果。

2）爽肤和润肤

对于干性皮肤，应在洗脸后使用化妆水来补充水分，再使用油分多及保湿性好的润肤品。对于混合性皮肤，应依照不同部位的不同需求来加以护理，可以选择化妆水补充干燥部位的水分，然后使用润肤品来润肤，润肤品使用的分量可依照干燥程度来调整，较油的部位减少用量，而干燥的两颊则可增加用量。

3. 美妆

化妆具有美化面容的作用，可以让女性看起来更加漂亮、光彩夺目，也使得女性在社交、工作中能够更好地展示自己的形象并增强人际交往的信心。

常用化妆品如图 3–9 所示。

图 3–9　常用化妆品

化妆，是对自己的爱护和尊重，同时也体现出对交往对象的尊重。对于从事服务性工作的人而言，化妆上岗是职业的基本要求。乘务人员的恰当装扮和修饰不仅令旅客赏心悦目，同时也是其热爱本职工作的一种表现。

1）化妆原则

(1) 美化。

化妆时要注意适度矫正、修饰得法，达到扬长避短的效果。在化妆时不要自行其是，

任意发挥，寻求新奇，有意无意地将自己老化、丑化、怪异化。

⑵ 自然。

化妆既要追求美化、生动、具有生命力，更要体现真实、自然。化妆的最高境界是“似无却有”，看不出人工美化的痕迹，切忌浓妆艳抹。

⑶ 得法。

化妆虽讲究个性化，但也要遵循仪容礼仪的一般原则。例如，职业妆宜淡，社交妆可以稍浓；口红与指甲油最好为同一色系，切不可颜色过于鲜艳，等等。

⑷ 协调。

高水平的化妆，强调的是整体效果，所以在化妆时，应努力使妆面与容貌、场合、身份相协调，以体现出大方优雅的气质。多种化妆品同时使用时，要尽量选择香型相近、色彩和谐的同一系列产品。

2）化妆禁忌

⑴ 忌离奇出众。

日常生活妆或职业妆应该与周围环境、本人气质相协调，从而起到提升个人形象和维护企业形象的作用。乘务人员在工作的过程中，切不可化另类、怪异的妆。

⑵ 忌技法用错。

即使不化妆，也比冒然化妆、错误化妆要好。不了解化妆方法而用错技法，不仅不会达到美化的目的，反而会起相反的效果。

⑶ 忌残妆示人。

适时化妆很重要，及时补妆亦重要。残妆，是指在出汗、用餐、休息之后，妆容出现了残缺。以残妆示人，既有损于自身形象，也是对别人的不尊重，因此，要注意及时地进行妆容检查和修补。

⑷ 忌当众化妆。

有些女性，对自己的形象过分在意，不论在什么场合，一有空闲，就会拿出化妆盒进行补妆，旁若无人。在公共场所，众目睽睽之下修饰面容是没有教养的行为。如果需要化妆或补妆，一定要到洗手间或较隐蔽的场所去完成，切莫当众化妆。

⑸ 忌随意评论他人妆容。

除了化妆品销售、推广人员可适当评论他人的妆容，其他人不宜对他人的妆容进行过多关注，更不能直接妄加评论和指点。这不仅是不礼貌的行为，更有可能伤害对方的自尊心。另外，冒然打听他人使用的化妆品品牌、价格和化妆的具体方法也是不合适的。

三、乘务人员仪容礼仪

作为乘务人员，整洁、大方的仪容不仅有利于增强自信，更有利于在工作过程中获取别人的好感和认可。我们不能要求每个人都是美女帅哥，但是可以在现有的条件下首先保证外表的得体和整洁，再利用化妆等技巧来弥补容貌上的不足。乘务人员仪容如图 3–10 所示。

（a）女性仪容

（b）男性仪容

图 3–10　乘务人员仪容

总体来说，乘务人员仪容礼仪要注意以下几点。

1. 清洁

一个人可以不美丽，但是绝对不可以不清洁。清洁是个人素质的体现，也是尊重自己、尊重他人的体现。例如一位男性，西装很讲究，颜色搭配也很合适，可是头上头屑不断，这必然不会给人留下大方得体的印象。

1）头发的清洁

头发，处于人体的制高点，会给人留下十分深刻的印象。头发在工作时间必须保持健康、秀美、干净、清爽、卫生、整齐的状态。

洗头发可以清除头部皮屑和灰尘，还能促进头部的血液循环。清洁头发的时候注意不要把洗发水直接倾倒在头皮上，这样做很容易导致脱发。正确的做法是先把头发梳通，然后把洗发水倒在手心，揉出泡沫，轻轻用指腹按摩头皮，最后清洗干净。不要让洗发水或护发素残留在头发或头皮上。可在洗头之前先用橄榄油护理一下，有条件的可以一周做一次发膜。尽量少用有浓郁香味的头发定型用品。头发洗干净以后，自然风干，如

果用吹风机，须保持适当距离以保护头发。头发未干，不要睡觉。一般来说，烟、酒及辛辣刺激之物，会有损于头发。保养头发，可多吃富含维生素 B 的食品，例如核桃、芝麻等。

2）面部的清洁

(1) 眼睛。

眼睛是人际交往中被他人注视最多的部位之一。洗脸的时候一定要注意及时清除眼睛分泌物。另外若眼睛患有传染病，应自觉回避，以免传染他人。

如果感到自己的眉形刻板或不雅观，可以进行必要的修饰，但不允许剃去所有的眉毛。

近视的乘务人员可配戴眼镜，戴眼镜时，不仅要求眼镜美观、舒适，而且还应定期对眼镜进行清洗和揩拭。在工作场合不应戴有色眼镜，以免给旅客带来拒人千里之外的感觉。

(2) 耳朵。

耳朵虽位于面部两侧，但也是在他人视线范围之内的。在洗澡、洗头、洗脸时，应同时清洗一下耳朵，定时清除耳孔里的分泌物，但是不要在他人面前这么做。

(3) 鼻子。

涉及个人形象的有关鼻子的问题，主要有两个。一是清洁鼻腔。不要让异物堵塞鼻孔，不要随意吸鼻子、擤鼻涕，不要在他人面前挖鼻孔。二是修剪鼻毛。上岗前，通过照镜子，检查一下鼻毛是否伸出鼻孔之外。人的鼻毛一旦伸出鼻孔，对形象的破坏非常之大，一旦出现鼻毛伸出鼻孔的情况，应及时修剪鼻毛，不要置之不理，也不要当众用手去拔，一来不雅观，二来可能会导致毛囊发炎。

(4) 嘴巴。

要保证嘴唇和唇周干净，无异物。

牙齿洁白，口腔无味是嘴巴清洁的重要方面。要做到这些，一是要饭后漱口，就餐完毕应清洁口腔，去除口腔异味或异物，可以使用漱口水或口香糖，但切忌在他人面前嚼口香糖，尤其是和旅客交谈的时候，更不应嚼口香糖；二是要经常用牙线，洗牙等方式保护牙齿。作为乘务人员，接待旅客之前不要吃葱、姜、蒜、腐乳、韭菜、洋葱等有强烈刺激性气味的食物。

(5) 胡须。

男性要养成每天剃胡须的良好习惯。若无特殊宗教信仰和民族习惯，最好不要蓄须，应经常剃去胡须。

(6) 面容。

清洁面部可以去除新陈代谢产生的老化角质、污染物、化妆残留物质等，同时也可以保养皮肤。

使用洁肤产品的方法：将适量的洁肤产品放在手心里揉搓起泡，泡沫越细越好，千万不能把洁肤产品直接涂在脸上。一般从皮脂分泌比较多的部位开始清洗，手指不要过分用力，轻轻地从内到外滑动。洗的时候要注意脖子、下颌、耳朵等部位的清洁。冲洗时要用流水充分去除泡沫，冲洗次数要适度。有条件时，可先用温水后用冷水清洗，温水可以避免毛孔紧闭影响清洗效果，冷水可以收缩毛孔。洗脸后用毛巾吸走脸上的水分，不要用力揉搓，以免伤害肌肤，正确的方法是把毛巾轻贴在脸上，让毛巾自然吸干水分。

清洁面部如图 3−11 所示。

图 3–11　清洁面部

3）身体的清洁

有异味的身体不仅是一种失礼，还可能惹人厌恶，因此定期沐浴十分必要。一般来说，在条件许可的情况下，每天沐浴对身体清洁和健康都很有好处。

(1) 手部。

在正常情况下，手部是人际交往中使用最多的部位之一，而且手部动作还往往附加了多种多样的含义。有人说：手是人的第二张脸，可是大多数人往往仅注重对脸部的保养和护理而忽视手部的保养和护理。试想某人有一张光彩照人的脸和健美的身材，可是伸出来的一双手，却是粗糙暗淡的，这必将影响其仪容的整体效果，因此，我们要重视手部的护理，防止手部皲裂、粗糙。

乘务人员的指甲尽量不要留长，长指甲没有过多的实用价值且不美观、不卫生、不方便。指甲的长度最好不要超过指尖。不能用牙齿啃指甲，不要在指甲上涂彩色的指甲油。

在工作场合修剪指甲是不文明、不雅观且违反劳动纪律的行为。

(2) 肩部。

在工作场合中，肩部不应裸露在衣服外面。

(3) 体毛。

因个人生理情况不同，个别人手臂上汗毛生长较浓，一般情况下无伤大雅，但如果特别浓密，有碍观瞻，可以采取适当的方式进行脱毛。在他人面前，尤其是在异性面前，腋毛不应为对方所见。

(4) 脚部。

人的两只脚，承载着人体的全部重量，因此每个人要善待自己的双脚。脚部不适将直接影响一个人行走姿势的美观。

社交场合，对于脚部一般要注意以下两点。

(1) 在工作场合不允许裸露脚趾，不允许光脚穿鞋子。一些有可能暴露脚部的鞋子，比如拖鞋、部分款式的凉鞋、镂空鞋是禁止在工作场合穿着的。

(2) 保持脚部卫生。鞋子、袜子要经常洗、经常换，不要穿残破、有异味的鞋子和袜子。如有必要，准备一双备用袜子，以备不时之需。严禁在他人面前脱鞋、脱袜、抠脚。

2. 护理

皮肤在保持清洁的同时，还要注意保养。这样不仅有利于保持皮肤的健康，也可以减少岁月留下的痕迹。一般皮肤保养可以分为内部保养和外部保养。外部保养又可以分为基础护肤和美容护肤。基础护肤简单易行，应早晚各进行一次。在完成肌肤清洁之后，基础护肤的过程如下。

1）使用化妆水

将适量的化妆水倒于手心轻拍面部，使化妆水被脸部皮肤吸收，也可以用喷雾器将化妆水喷洒在脸部，这对缓解缺水的皮肤有较好的效果。

2）使用眼霜

人的眼部皮肤只占脸部皮肤的很小比例，很薄，所以要注意眼霜的选择。眼霜一般分啫喱和霜状两种类型，一般用啫喱补水就可以了，霜状眼霜所含的营养元素更多，可在需要时使用。涂抹眼霜的正确方法是从眼睛上部由里往外按摩，眼睛下部由外往里按摩。用无名指轻点眼部肌肤，才不会揉出细纹。如条件允许，一周做一至两次眼膜效果更好。涂乳液、晚霜之类的脸部护肤品时，要注意避开眼睛周围，以免产生脂肪粒。

3）使用面霜及护肤精华

一般来说，白天用乳液，晚上用晚霜。晚上 10 点至凌晨 2 点是皮肤新陈代谢最活跃的时候，这期间使用护肤精华效果最佳。

4）护理脖颈

脖颈和头部相连，属于面容的自然延伸部分。护理脖颈可防止脖颈皮肤过早老化，以免和面容产生较大反差。

3. 发型

人们选择发型受到多种因素的制约，不可以一味地追求个性。制约发型选择的因素有性别因素、身高因素、年龄因素、职业因素等。

以女性留长发为例，头发长度应和身高成正比。一个矮个的女性如果长发过腰，会使自己显得更矮，这显然是不明智的。职业对头发长度的影响也很大，例如，野战军战士为了作战和负伤后抢救方便，通常选择短发。

对乘务人员来说，发型的修饰要注意整洁、规范、长度适中，款式适合。男性要注意“三不”——前不遮眉，侧不掩耳，后不触颈。女性在工作场合不要随便让头发随风飘扬，长发不宜过肩，如果留长发，上班的时候要把长发束起来，用发卡整理好。图 3–12 所示为正确的束发。除非患有特殊的疾病，乘务人员不得剃光头。

图 3–12　正确的束发

不管采用何种发型，在工作岗位上不允许在头发上滥加装饰物，不宜使用彩色发胶、发膏。男性不宜使用任何发饰，女性在有必要使用发卡、发带、发箍的时候，应使用蓝、灰、棕、黑等颜色且不带任何装饰图案的发饰，绝不能在工作岗位上佩戴混合色和带有卡通动物、花卉等图案的发饰。

在工作岗位上不允许戴工作制帽以外的帽子。

正确地佩戴工作制帽如图 3–13 所示。

图 3–13　正确地佩戴工作制帽

4. 化妆

化妆是通过使用美容产品，修饰自己的仪容，美化自我的形象的行为。对一般人而言，化妆最实际的作用是对自己容貌上的某些缺陷加以弥补，扬长避短，使自己更加光彩照人。经过化妆后，人们可以拥有良好的自我感觉，身心愉快，精神振奋，在人际交往中表现得更加自信和潇洒自如。

在正式场合，女性不化妆会被认为是不礼貌的。对职场人士来说，化妆能使从业人员提高自信，还能表达对他人的尊重并能维护组织的良好形象。

1）化妆的原则

(1) 美化的原则。

美化的原则是从化妆效果的角度来说的。要使化妆达到美的效果，首先必须了解自己各部位的特点，对自己容貌上的优缺点要心中有数；其次要清楚怎样化妆和矫正才能扬长避短，变拙陋为俏丽，使容貌更迷人。要在把握脸部个性特征和正确的审美观的前提下进行化妆。

(2) 自然的原则。

自然是化妆的生命，它能使化妆后的脸看起来真实、生动，而不是一张呆板、生硬的面具。化妆失去了自然的效果，那就是假，假的东西就无生命力和美可言。

化妆是一种美化自身的行为，但是一定要明白，美在含蓄，美在自然，正所谓“清水出芙蓉，天然去雕饰”。

(3) 协调的原则。

美在于和谐，化妆者一定要懂得一些能产生和谐效果的搭配技巧。

(4) 避人的原则。

避人的原则即化妆时要回避他人，不要在他人面前化妆，这是化妆中非常重要的一个原则。

2）职业妆的化妆技巧

就头发而言，中国人一头乌黑的头发是自己的民族特色，因此一般情况下不允许乘务人员把头发染成其他颜色。女性可适当染成偏黑的棕色，严禁染成紫色、绿色等颜色。

不管是男性还是女性，都有眉形的烦恼。有一些人，眉毛过分高扬，看上去十分凶狠；有的人天生八字眉，看上去城府很深。必要时，可对眉毛进行修剪或补描。一般来说，男性的眉毛尽量不要描画，女性可以描眉，但最好不要文眉，不要因为修眉或描眉不当，使自己看起来很妖艳或刁钻。

化眼妆通常只限于女性，一般的步骤为上眼线、涂眼影、涂睫毛膏。女性乘务人员眼线不能画得过于浓重；不用蓝色、绿色眼影，应使用棕色眼影，棕色眼影可使眼睛有神、有立体感；睫毛膏只能使用黑色。化职业妆时要避免化成时尚流行的妆容，比如烟熏妆等。

男性可以用润唇膏，女性选择唇膏颜色的时候，优先选择和肤色接近的棕色、橙色、深红色，避免使用鲜红色。化工作妆时，选择唇膏要以淡色为主，这样做的目的在于不过分突出职场人士的性别特征，不过分引人注意。

外在的修饰无法掩饰精神的真实状态，良好的精神状态能使人容光焕发。三流的化妆是单纯脸部的化妆，二流的化妆是整体外表的化妆，一流的化妆是精神的化妆。精神永远是外表的灵魂。乘务人员应加强自身素质的培养，拥有健康的精神世界。

乘务人员化妆场景如图 3–14 所示。

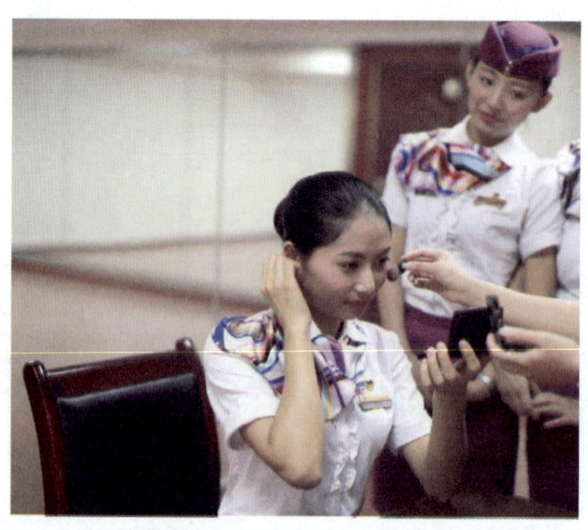

图 3–14　乘务人员化妆场景

四、仪表礼仪

仪表是指人的静态外表，包括人的容貌、服饰、体态、风度等多个方面。仪表是一个人的精神面貌、内在素质的外在表现。

随着社会文明程度的提高，追求仪表美越来越成为人们的一种共识。人们通常用仪表端庄、容貌俊秀等来赞扬一个人的仪表美。那么怎样才算仪表美呢?

仪表美是一个综合概念，它应当包括以下三个层次的含义。

(1) 仪表美指人的容貌、形体、体态等的协调。体格健美匀称、五官端正秀丽，这些生理因素是仪表美的基本条件。

(2) 仪表美指经过修饰打扮及后天环境的影响形成的美。天生丽质这种幸运并不是每个人都能够有的，而仪表美却是每个人都可以去追求和创造的。即使天生丽质，也要用一定的形式去表现。无论一个人的先天条件如何，都可以通过化妆、服饰、外形设计等方式使自己拥有仪表美。

(3) 仪表美是一个人美好高尚的内心世界和蓬勃旺盛的生命活力的外在体现，这是仪表美的本质。真正的仪表美是内在美与外在美的和谐统一，慧于中才能秀于外。

本任务的一、二、三点已介绍了仪容知识，内在美将在项目一的任务四和任务五中介绍，下面重点介绍仪表礼仪中服饰环节的相关知识。

1. 穿着的 TPO 原则

TPO 是西方人提出的服饰穿戴原则，是英文时间 (time)、地点 (place)、场合 (occasion) 三个单词的缩写。穿着的 TPO 原则，要求人们在着装时将时间、地点、场合三项因素综合进行考虑。

1）时间

时间既指每一天的早、中、晚三个时间段，也指每年春夏秋冬的季节更替，以及人生的不同年龄阶段。着装时要考虑时间因素，做到随“时”更衣。

人们在家中或进行户外活动时，例如在家中休息或外出健身，着装应方便、随意，可选择运动服、便装、休闲服。工作时间的着装，应根据工作特点和性质，以服务于工作、庄重大方为原则。晚间参加宴请、舞会、音乐会之类的活动，须穿着较正式的服装。

服饰应当随着一年四季的变化而变换，不宜标新立异、打破常规。夏季以凉爽、轻柔、简洁为主，在使自己凉爽舒服的同时，服饰色彩与款式会带给他人视觉和心理上的良好感受，相反，层叠皱褶过多、色彩浓重的服饰不仅使他人感觉不适，而且穿着者本人也会感觉闷热难耐。冬季则应以保暖为着装原则，避免“要风度不要温度”，为形体美观而着装太过单薄，但也应尽量避免臃肿不堪妨碍工作的开展。

2）地点

地方、场所、位置不同，着装也应有所区别，特定的环境应配以与之相适应、相协调的服饰，才能使人获得视觉和心理上的和谐美感。

例如，穿着只有在正式的工作环境才合适的职业正装去娱乐、购物、休闲、观光，或者穿着牛仔服、网球裙、运动衣、休闲服进入办公场所和正式社交场地，都是着装与环境不和谐的表现。

3）场合

不同的场合有不同的着装要求，着装只有与特定场合的气氛相一致、相融洽，才能产生和谐的审美效果，实现人景相融的最佳效应。

正式场合应严格遵循穿着规范。比如，男性穿西装一定要系领带；西装里面有马甲的话，应将领带放在马甲里面；西服应熨得平整，裤子要熨出裤线，衣领袖口要干净，皮鞋要擦得锃亮等。女性不宜赤脚穿凉鞋，如果穿长筒袜子，袜口不要露在衣裙外面。

在结婚典礼、生日宴会、联欢晚会等喜庆场合，服饰可以鲜艳明快、潇洒时尚一些。一般来说，男性服装以深色为宜，单色、条纹、方格图案都可以；在游览、度假、运动会等场合，也可以选择色彩明快的服装。女性在休闲场合，可以选择适合自己穿着的色彩鲜艳的服装。

如图 3-15 所示，乘务人员在工作场合应穿着统一配发的制服。

图 3-15　乘务人员穿着制服图

2. 西服

西服原本是欧美国家的一种传统服装，随着国际交往的日益频繁，西服逐步发展成为一种国际性的服装款式。它典雅大方，富有魅力，深受各界人士的喜爱。

1）西服着装的一般要求

西服必须合身，领子应紧贴衬衫领口，并且应低于衬衫领口 1 ~ 2 cm；上衣的长度与手臂垂下时的虎口处平齐，袖口与手腕平齐，衬衫袖口应露出西服袖口 1 ~ 2 cm；肥瘦以西服内可以穿一件羊毛衫为宜，上衣的下摆应与地面平行。双排扣的西服上装不管在什么场合都应把纽扣全部扣上，两粒扣子型的单排扣西服上装只系上面一粒，三粒扣子型的单排扣西服上装可系中间一粒。

2）男性西服

男性西服有两件套、三件套之分，正式的场合应该穿西服套装，颜色以深色为佳。穿西装时应穿单色衬衫，以白色为佳。三件套西服在正式场合不能脱下外衣。西服背心如果是 6 粒纽扣，一般不系最下面的一颗纽扣，如果是 5 粒纽扣则应全部系上。西服背心应贴身合体。西服左上外侧口袋专门用于插装饰型手帕，手帕应插入口袋 1/3 处。上衣内袋用于存放证件等物品。穿西服时不要穿白色袜子，这样会破坏整体的稳重感，把人们的视线吸引到脚上。

男士穿着西服如图 3–16 所示。

3）女性西服

女性西服有西服套装和西服套裙之分，两者均可作为正式服装，其色彩款式要稳重大方，以素雅单色和简单的条格面料为主。女性西装颜色要与衬衫色彩相协调。

女士穿着西服如图 3–17 所示。

图 3–16 男士穿着西服

图 3–17 女士穿着西服

4）西服着装程序

西服穿着有一定的程序，正常的程序是：穿着衬衫—穿着西裤—穿着皮鞋—系领带—穿着上装。

3. 领带

领带被称为西服的灵魂。通常所说的领带是指直式领带，还有一种横式领带，即领结。

1）直式领带

直式领带简称“领带”。领带最好选用丝制的，系领带不宜过长或过短。站立时，以领带下端触及腰带为宜。

在正式、庄重的场合以深色领带为宜；在非正式场合以浅色、艳丽领带为宜。黑色领带几乎可与任何颜色的西服进行搭配。

领带配色的方法有三种。

(1) 领带与西服同色。

(2) 领带与西服同是暗色，但色彩形成对比，如黑西服配暗红色领带。

(3) 单色的西服配花色领带。花色领带上的主色尽可能与西服的颜色相同或相近。

领带打结有多种方法，如温莎结、平结等。在非正式场合穿西服可以不戴领带，此时衬衫领扣必须解开，衬衫下摆应放在裤子里面。

领带如图 3–18 所示。

图 3–18　领带

2）领结

领结可分为小领花和蝴蝶结。小领花的颜色有黑色、白色。一般白领花只适合搭配燕尾服，黑领花适合搭配小礼服。

领结如图 3–19。

图 3–19　领结

3）领带夹

现在有许多人选择戴领带夹来固定领带。领带夹的位置应在衬衫的第四粒到第五粒纽扣之间（从上往下数），西服上衣系上扣子后，领带夹不能外露。

领带夹如图 3–20 所示。

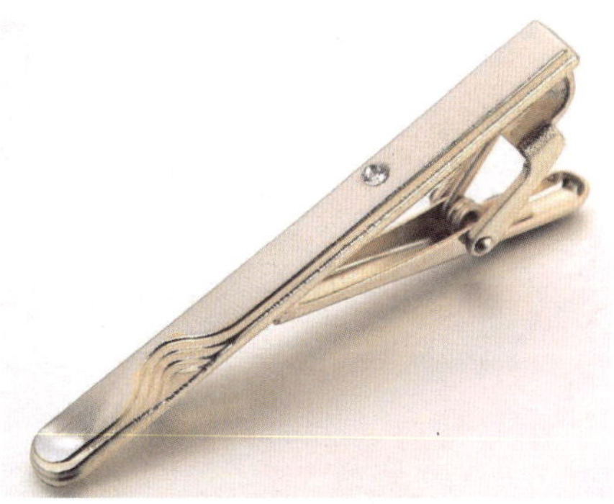

图 3–20　领带夹

4. 饰物

在服饰构成中，装饰用品既可作为服装的辅助用品，又可区别于服装而独立存在。装饰用品和服装一同构成了服饰。

1）帽子

帽子的花色品种很多，它不仅能起到抗寒防晒的作用，也是服饰搭配的一个重要环节。帽子的选用，应考虑到人的脸形、年龄、身份及其与其他服饰之间的配套关系。乘务人员工作时应戴制帽。

乘务人员工作制帽如图 3–21 所示。

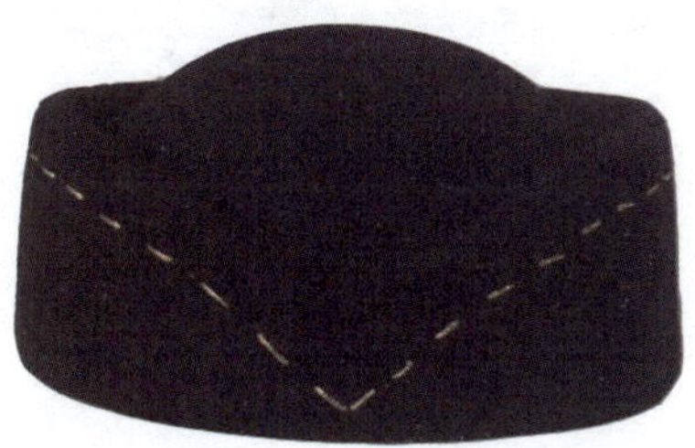

图 3–21　乘务人员工作制帽

2）手帕

手帕可分为两种：一种是装饰用手帕，另一种是普通手帕。装饰手帕是以各种单色手帕折叠而成的，可放在礼服或西服上衣左胸口袋。手帕折叠的形式多种多样，常见的有一山形、二山形、三山形。

普通手帕可用来擦汗、擦手、擦嘴，切不可使用不洁净或皱皱巴巴的手帕。目前，纸巾有取代普通手帕的趋势。

手帕如图 3–22 所示。

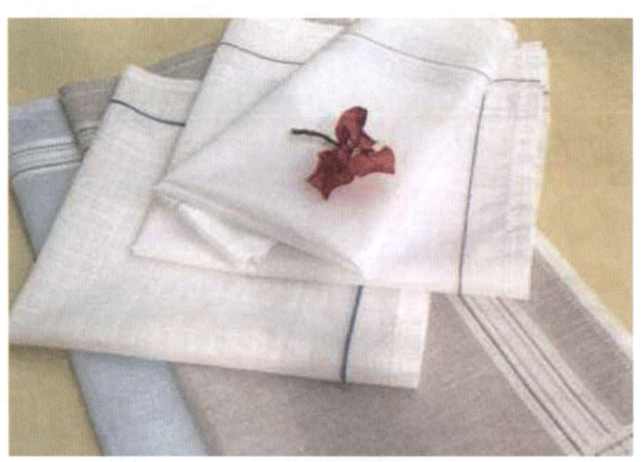

图 3–22 手帕

3）围巾（丝巾）

女性乘务人员在工作时可戴丝巾，如果天气寒冷，可选用深色的围巾，如灰色、黑色、深蓝色、绛紫色等颜色的围巾。

部分女性乘务人员的制服配有统一款式的丝巾，应按规定的要求佩戴。

丝巾如图 3–23 所示。

图 3–23 丝巾

4）首饰

首饰的佩戴有相应的规矩。首饰是一种沉默的语言，既可向他人暗示某种含义，又能显示佩戴者的气质与修养。

(1) 戒指。

戒指是爱情的信物，富贵的象征，吉祥的标志。戒指应注意造型的选择。女性的戒指要纤细，男性的戒指要宽厚。戒指通常应戴在左手上。把戒指戴在食指上，表示无偶而求爱；把戒指戴在中指上，表示正处在恋爱之中；把戒指戴在无名指上表示已定婚或结婚；把戒指戴在小手指上则表示自己是一位独身者。也有不少西方国家的未婚女性将戒指戴在右手上。一般情况下，一只手上只戴一枚戒指，戴两枚或两枚以上戒指是不适宜的，此外，大拇指不能戴戒指。

(2) 项链。

项链可分为金银项链、珠宝项链等。佩戴项链应因人而异。脖子短粗的人可选择细长的项链；脖子细长的人可选用短粗的项链。

一般青年女性可选择细型、花色丰富的项链，而中老年人则适宜选用粗型、设计传统的项链。各种珠宝有着不同的象征意义和情感，如钻石象征着勇敢和永恒，珍珠象征着美丽和高贵，红宝石象征着爱情和热情，蓝宝石象征着安详和宁静。

(3) 耳环。

佩戴耳环应首先考虑佩戴者的脸形。圆脸适宜戴各种款式的长耳环或垂坠耳环；瓜子脸形的人，适于使用各种造型的耳环，配以扇形耳坠、水滴型耳坠则更显秀丽妩媚；方脸形的人可选择小耳环或耳坠。在各种比较正规的社交场合，如宴会、婚礼或庆典仪式，应选用高档的耳环。男性乘务人员不能佩戴耳环，女性乘务人员可以佩戴素雅、款式简单的耳环。

(4) 手镯和手链。

由于乘务人员要进行大量客运作业，因此不宜佩戴手镯和手链。

5）其他

笔、手表等也是乘务人员常用的配饰。部分乘务人员制服设计有插笔处，以方便存放工作用笔。乘务人员在工作期间应戴传统款式的机械表或石英表，勿戴卡通及时装表。

五、仪态礼仪

仪态，就是一个人动作姿势和态度的综合表现。俗话说：“坐有坐相，站有站相。”

乘务人员姿势端庄，态度和蔼，会使旅客产生愉悦和亲切的感受；行为粗鲁，态度消极，不但失礼，而且会让旅客反感。优美、协调的仪态对展现乘务人员的形象、气质、风度是非常重要的。

1. 面部仪态

1）目光

人们进行信息的交流，总是以目光交流为起点。目光接触提供了重要的情感信息。这种情感的流露比语言更加真实、直接、有效。乘务服务过程中，若能善于运用目光，可以使自己变得更加友善和亲切，更容易得到旅客的信任。如图 3–24 所示，乘务人员将目光集中在所要服务的对象身上，注视的目光显示出乘务人员的服务态度。

图 3–24　乘务人员注视的目光

目光注视某一较小范围超过 5 秒，我们称之为凝视。根据交往对象和交往场合的不同，目光凝视区域也不同，一般划分为以下三种情况。

(1) 公务凝视区域：以对方两眼为底线，额中为顶角形成的正三角区域。这种凝视会显得严肃认真。对方也会觉得你有诚意。

(2) 社交凝视区域：以对方两眼为上线、下巴为顶角所形成的倒三角区域。这种凝视能给人一种平等、轻松感，从而创造出一种良好的社交气氛。

(3) 亲密凝视区域：对方双眼到胸部之间的方形区域。凝视这一区域往往带有亲昵、爱恋的感情色彩，在亲人、恋人、家庭成员之间较为常见，所以非亲密关系的人不应凝视对方的这一区域，以免引起误解。

2）视线

乘务人员要注意目光注视的角度。视线角度可以分为三种。

(1) 平视。

观察物与眼睛平齐时，视线水平送出，即为平视。与人交谈时应当尽量做到平视对方，在服务工作中，平视是一种常规要求。平视表现出双方地位的平等，使乘务人员可以不卑不亢地投入工作。

(2) 仰视。

抬起头朝上看容易表现出敬仰、高度重视的态度。低着头朝上看往往表现出羞涩、胆怯、谦虚、低调。乘务服务中仰视并不多用。

(3) 俯视。

俯视他人往往带有自高自大、傲慢不屑的意味，服务中应该避免使用这种视线。如果对方的位置低于自己的眼睛，例如旅客坐着，乘务人员站着时，则应当轻微俯身，尽量减小俯视角度。

3）目光运用技巧

(1) 正视对方。

目光属于表情范围。眼睛是心灵的窗口，与人打招呼、交谈、致谢、道歉时，如果能够用眼睛看着对方，会使人感到你的真诚、友善、信任、尊重。交谈中，还要注意目光注视对方的同时，应使身体伴随对方的移动而适当转动，尽量使自己面朝对方、注视对方，这是一种基本礼貌，斜眼看人、扭头视人或者偷偷看人，都难以表达出尊重他人的意思。

(2) 注视对方。

与人交谈时，不要不停眨眼，不要眼神飘忽，不要目光呆滞。这些都会使对方产生不信任感，与人交谈应始终保持目光接触，表示对对方的尊敬，如果目光左顾右盼、东张西望，对方会感到你是心不在焉，缺乏诚意的。注视中应当正确把握视域，非亲人之间，注视对方的头顶、胸部、腹部、臀部或大腿，都是失礼的表现。特别是与异性交谈中，更要注意控制视域。

(3) 避免盯视、扫视。

服务工作中忌目光闪烁，盯住对方或斜视、瞟视。如果一直盯着对方看，会给对方形成心理压力，让对方感到紧张，因此，目光的运用应该“散点柔视”，即让目光均匀地洒在对方身上。如果谈话中出现短暂的沉默，应当将视线暂时从对方脸上移开，恢复交谈时再看着对方。

4）微笑

乘务人员要给旅客以亲切、真诚的微笑。在乘务人员面部仪态中，应当把真诚、甜美的微笑放在首位，养成微笑服务的意识。微笑是乘务人员工作的职责所在。

乘务人员微笑如图 3–25 所示。

图 3–25　乘务人员微笑

(1) 基本要求。

笑与神、情、气质相结合，与语言相结合，与仪表和其他仪态相结合，会取得良好的效果。乘务人员应练就主动微笑、自然大方地微笑的本领并掌握微笑的最佳时机和微笑的原则。

(2) 七大微笑原则。

① 主动。作为一名训练有素的乘务人员，在与旅客目光接触的同时，首先应向对方微笑，然后再开口说话表示欢迎，这会给人以彬彬有礼、热情周到的印象，主动创造出一个友好、热情并对双方有利的交流气氛和场景，也会因此赢得对方的信任。

② 自然大方。微笑时要目光有神，神态自然，热情适度，这样才显得亲切、真诚、温暖、大方，使旅客心情放松，有“宾至如归”的感觉，千万不可表演色彩过浓、故作姿态和生硬应付。

③ 眼中含笑。一个人是不是开心、真诚地笑，从其眼神中就能找到答案，所以，作为乘务人员，要眼中含笑，让旅客感受到你是在用心地微笑。

④ 真诚。乘务人员对旅客的微笑，应该是发自内心的，微笑既是对旅客表示欢迎，又是对自己形象礼仪的展示，因此，真诚地微笑、真实地展现自己，才能让旅客和自己都得到快乐，都感觉到舒适。在旅途中，旅客有愉快的心情，才会积极地配合乘务人员的工作。

⑤ 健康。微笑应该是健康的、爽朗的，自身状况不佳时，即使露出笑脸，也会给人不自然的感觉。乘务人员在工作之余，要注意保持个人身体健康、心情舒畅。

⑥ 最佳时机。乘务人员在目光与客人接触的瞬间，就要启动微笑，此时乘务人员应目光平视旅客、坦然自信，不可斜视旅客，也不要有羞涩之感，微笑的最佳时长以不超过 3 秒为宜，时间过长会给人假笑或不礼貌的感觉。

⑦ 天天微笑。对乘务人员来说，微笑应是自然的表情，为此应让自己保持天天微笑的习惯，不能高兴就微笑，不高兴就不微笑，要养成一到工作岗位，就能抛开一切个人的烦恼、不安、不快情绪，振奋精神，热情地为旅客服务。有了良好的微笑习惯，才能让微笑服务进入新的境界。

(3) 标准微笑的培养方法。

乘务人员在练习微笑的时候要注意以下几点。

① 眉位提高，眼轮匝肌放松。

② 两侧颊肌和颧肌收缩，肌肉稍隆起。

③ 两面侧笑肌收缩，并略向下拉伸，口轮匝肌放松。

④ 嘴角含笑并微微上提，嘴角似闭非闭，以不露齿或仅露不到半牙为宜。

⑤ 面含笑意，但不能笑容过于显著，嘴角微微向上翘起时，让嘴唇略显弧形。

⑥ 注意不要牵动鼻子，不发出笑声。

⑦ 注意自己的口型、面部与其他部位的配合。要注意声情并茂，气质优雅，表现和谐，眉、眼、神情、姿势协调行动。微笑的同时目光柔和发亮，双眼略为睁大，眉头自然舒展，眉毛微微向上扬起。

(4) 微笑的训练方法。

① 模拟微笑训练法。模拟微笑训练法的训练步骤如下：

a）轻合双唇；

b）两手食指伸出，其余四指并拢，指尖对接，放在嘴前 15 ~ 20 cm 处；

c）让两食指尖以缓慢的速度分别向左右移动，拉开 5 ~ 10 cm 的距离，同时嘴唇随两食指的移动速度而同步加大唇角的展开度，形成美丽的微笑，并让微笑停留数秒钟。

② 含筷法。如图 3–26 所示，选用一根洁净、光滑的圆柱形筷子，横放在嘴中，用牙轻轻咬住（含住）以观察微笑状态。

③ 口型对照法。通过一些相似性的发音口型，找到适合自己的最美的微笑状态，如“一”“茄子”“呵”“哈”等。

(5) 微笑的禁忌。

微笑要直率而不鲁莽，活泼而不轻佻，自然而不呆板，热情而不过分，轻松而不懒散，大方而不失措。

图 3–26　用含筷法进行微笑训练

2. 静态仪态

1）站姿

乘务人员的站姿如图 3–27 所示。

（a）男性站姿

（b）女性站姿

图 3–27　乘务人员的站姿

乘务人员站姿的动作要领如下。

(1) 两脚跟相靠，两脚尖成 45° ~ 60° 角，身体重心位于前脚掌；

(2) 两腿并拢立直，收腹，女性乘务人员右手轻握左手放于腰后（或腹前），男性乘务

人员双手自然下垂；

(3) 挺胸，肩往后展并保持放松，背部挺直；

(4) 脖颈自然挺直；

(5) 下颌微收，目光平视前方，面带微笑。

采用以上标准站姿动作，显得自然大方，分寸得当。切记站立时，不可探脖、塌腰、耸肩、双腿弯曲或抖动，手不可以插兜。

2）坐姿

乘务人员的坐姿如图 3–28 所示。

图 3–28　乘务人员的坐姿

乘务人员坐姿的动作要领如下。

(1) 入座时，要轻、要稳，坐满座位的 2/3 即可。

(2) 男性双膝可分开，脚尖朝前方，双手五指伸直或轻握拳放在腿上；女性入座时双膝小腿自然并拢，双手虎口交叉（右手在上），放在腿上，也可采用一腿交叉于另一腿之上，两小腿并拢与地面成 70°～80° 角的双腿交叉式坐姿。

(3) 双肩平展，挺胸直腰，收腹。

(4) 目光平视，下颌微收，面带微笑。

(5) 谈话时，可以侧坐转身，面向对方，切忌转头不转身。

男性乘务人员采用良好的坐姿能展现男性的阳刚之美；女性乘务人员采用良好的坐姿能展现女性的典雅之美。坐下后切记不可抖腿、跷二郎腿、双腿直伸、托腮、趴伏及头部仰靠椅背。

女性乘务人员双腿交叉式坐姿如图 3–29 所示。

图 3-29　女性乘务人员双腿交叉式坐姿

3. 动态仪态

1）行姿

乘务人员的行姿如图 3-30 所示。

(a) 男性行姿

(b) 女性行姿

图 3-30　乘务人员的行姿

古人云：站如松，坐如钟，行如风。乘务人员在行走时应做到以下几点。

(1) 上身挺直，两肩平稳，目光平视，下颌微收，面带微笑；

(2) 手臂伸直放松，手指自然弯曲，摆动时以肩关节为轴，上臂带动前臂，走路时两臂自然摆动；

(3) 脚尖稍微抬起，脚跟先接触地面，依靠后腿将身体重心推送到前脚掌，使身体前移；

(4) 步幅适当，注意调节步速；

(5) 行走路线要成一条直线。

行走不能弯腰驼背、歪肩晃膀，手臂不可大幅摆动，不要双腿过于弯曲、不成直线，不可步子太大或太小，不能上下颤动、扭腰晃臀，不要脚蹭地面。

乘务人员上台阶时，前腿屈膝抬起，后腿微屈支撑，两脚交替踏上。两臂前后自然摆动，上体稍向前倾，头摆正，目视前方，用余光注意前下方；下台阶时，前腿脚踏楼梯，微微屈膝缓冲，脚尖略偏向外侧，两眼注视前下方，其他动作要领同上台阶。

乘务人员出勤行姿如图 3–31 所示。

(a) 行进

(b) 登乘

图 3–31　乘务人员出勤行姿

2）蹲姿

蹲姿是日常生活、工作中不可避免的一种姿态。在公共场所，为了避免弯上身和翘臀部，拿取低处的物品或拾起落在地上的东西时，需要使用下蹲和屈膝动作。特别是女士穿裙装时，如不注意使用正确的蹲姿，背后的上衣就会上提，露出臀部皮肤和内衣，很不雅观，即使穿着长裤，两腿展开平衡下蹲，撅起臀部的姿态也不美观。

乘务人员蹲姿如图 3–32 所示。

乘务人员应尽量少使用蹲姿，允许使用蹲姿的情况如下。

(1) 整理着装。

使用蹲姿整理自己的鞋袜等。

(2) 给予帮助。

使用蹲姿与儿童旅客交谈，或协助运送物品等。

(3) 提供服务。

使用蹲姿打扫卫生，摆放行李物品等。

(4) 捡拾物品。

使用蹲姿捡拾物品。如果站在物品的左方，下蹲时左脚在前，右脚稍后(不重叠)，两腿靠紧，反之亦然。

图 3–32　乘务人员蹲姿

3）鞠躬

鞠躬也称为弯腰行礼，主要起“弯身行礼，以示恭敬”的作用，是表示对他人敬重的一种郑重礼节。鞠躬不仅是我国的传统礼仪之一，也是很多国家常用的礼仪，尤其在中国、日本等国家，人们经常行鞠躬礼。鞠躬一般是下级对上级或同级之间、学生向老师、晚辈向长辈、乘务人员向旅客表达由衷的敬意的一种礼节。

行鞠躬礼时，应采取立正姿势，脱帽，双目注视受礼者，面带微笑，以腰部为轴，整个肩部向前倾 15° 以上(具体视行礼者对受礼者的尊敬程度及行礼情境而定)，目光也随之自然下垂，表现出一种谦恭的态度。行礼时，可以同时问候“您好”“早上好”“欢迎光临”等。鞠躬礼毕，直起身时，双目还应有礼貌地注视对方，使人感到鞠躬动作的诚心诚意。鞠躬时，脖子不可伸得太长，不可挺出下颌；下身保持正确的站立姿势，两腿并拢；双目注视对方的胸部，视线随着身体向下。切不可随便弯一下腰或只往前探一下脑袋当作行礼，这是对受礼者的不尊重。生活中应该避免一面鞠躬一面抬起眼睛看着对方。

男性在鞠躬时，双手自然下垂，贴放于身体两侧裤线处，女性则将双手轻搭在腹前。长辈、上级、老师、宾客等受礼者还礼可不鞠躬，而用欠身、点头、微笑致意以示还礼，其他人应以鞠躬礼相还。

不同的鞠躬角度表达出不同的意味。

(1) 15° 鞠躬礼，在对旅客进行礼貌性问候及打招呼时使用；

(2) 向旅客表示感谢时，可行 30° 鞠躬礼；

(3) 当向旅客表达歉意时，可行 45° 鞠躬礼。

乘务人员行 15° 鞠躬礼如图 3-33 所示。

图 3-33　乘务人员行 15° 鞠躬礼

乘务人员行 30° 鞠躬礼如图 3-34 所示。

图 3-34　乘务人员行 30° 鞠躬礼

4）手势

在当今社会，各种形式多样的手势已经成为人们交流沟通时不可缺少的形式，手势包含着丰富的礼仪含义。在与人交往中恰当地运用手势来表情达意，能够起到良好的沟通作用，也会使自己更显优雅。

(1) 递接物品。

递接物品时以双手为宜，不方便双手并用时，也要采用右手，用左手递接物品通常被视为无礼的表现，将有文字的物品递交他人时，须使文字正面朝向对方递上；将带尖、带刃或其他易于伤人的物品递于他人时，切勿以尖、刃直指对方。

乘务人员递接物品如图 3-35 所示。

图 3-35　乘务人员递接物品

(2) 展示物品。

将物品举至高于双眼之处，适用于向众人展示物品；将物品举至上不过眼部，下不过胸部的区域，适用于让他人看清展示之物。

(3) 指示方位。

① 横摆式手势，手臂向外侧横向摆动，指尖指向要指示的方向，适用于指示方向。

② 直臂式手势，手臂向外侧横向摆动，指尖指向要指示的方向，手臂抬至肩高，适用于指示物品所在位置。

③ 曲臂式手势，手臂弯曲，由体侧向体前摆动，手臂高度在胸以下，适用于请人进门或先行。

④ 斜臂式手势，手臂由上向下斜伸摆动，适用于请人入座。

以上四种指示方位的手势，都仅用一只手臂，另一只手臂可垂在身体一侧或放于身后，女性也可将另一只手臂放于腹前。

曲臂式手势如图 3-36 所示。

图 3-36　曲臂式手势

斜臂式手势如图 3-37 所示。

图 3-37　斜臂式手势

(4) 握手。

行握手礼时，要注意先后顺序，尊者在先，即地位高者先伸手，地位低者后伸手；要注意用力大小，握手时，握紧对方的手，力量应当适中；要注意时间长短，与人握手时，一般三至五秒即可；要注意相握方式，应先走近对方，右手伸出，掌心向里，握住对方的手掌，双手相握后，应目视对方双眼，将手上下晃动两三下。握手时应伸出右手，不能伸出左手与人相握。

握手如图 3-38 所示。

图 3-38　握手

(5) 常见的错误手势。

① 指指点点。勾动食指或除拇指外的其他四指招呼别人，以及用手指指点他人，都是失敬于人的手势。食指指点他人，即伸出一只手臂，食指指向他人，其余四指握拢这一手势，因有指责、教训之意，尤为失礼。

② 随意摆手。乘务人员在工作中，不要随意向对方摆手，即不要将一只手臂伸出，手指向上，掌心向外，左右摆动；也不要掌心向内，手臂由内向外地摆动。这些手势都有抵触、拒绝、不耐烦之意。

③ 双臂交叉于胸前。这种姿势往往有傲慢、气愤的味道，或带有置身事外、旁观他人、观看笑话之意，乘务人员在工作中应特别注意避免使用这种手势。

④ 摆弄手指。一些男性喜欢挤压自己的手指，发出关节的响声，或是反复做握拳后再松拳的动作，这些动作都会让旁人感到厌恶。

⑤ 手插口袋。手插口袋容易给人懒散、随意的感觉，乘务人员在工作中应避免使用这种手势。

⑥ 伸懒腰。伸懒腰是劳累、困倦的表现，乘务人员在工作时打哈欠、伸懒腰，会给人懒散、懈怠之感。

任务二 乘务服务语言礼仪

任务导语

语言是乘务人员重要的服务工具之一。乘务人员作为运输企业的代表，在旅客面前的一言一行都应体现出良好的礼仪风范。乘务人员须通过语言礼仪的学习及练习，不断提高语言礼仪修养，为旅客提供优质的服务。

知识点

客运服务规范用语。

能力要求

(1) 能够在不同情境下使用行业文明用语；

(2) 在乘务服务中做到语音适当、语气温和、语调适中。

任务思维导图

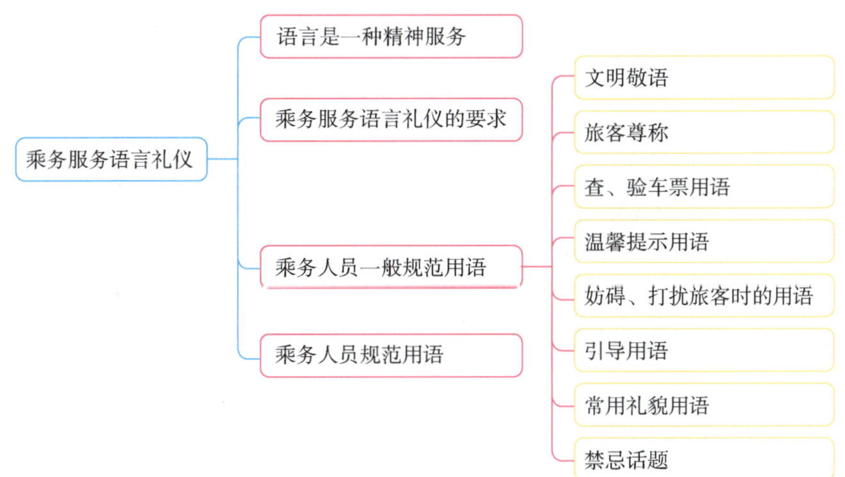

语言是人们表达意思、交流思想的工具。语言表达是一种技能，也是一门艺术。语言不仅能衡量一个人的业务能力水平，而且可以反映一个人的思想、道德、修养水平。乘务人员必须重视语言礼仪，不断提升个人的语言礼仪修养。

一、语言是一种精神服务

语言是人们交流信息、表达情感、建立良好人际关系的工具。俗话说“良言一句三冬暖，恶语伤人六月寒”，可见语言对人际交往效果的影响特别大。乘务人员能否掌握语言艺术和应用语言技巧，将直接影响旅客的心理反应。一句不中听的话，往往会刺激对方，导致争吵或对骂，进而影响到运输部门的声誉。优雅的举止、文明的语言、和蔼的态度能使旅客心情舒畅、愉快，即使出现分歧，通过温和、文雅、彬彬有礼的语言，也可以避免冲突的发生，显示出运输企业员工良好的教养和素质，从而树立运输部门良好的企业形象。旅客得到热情的、周到的服务也是他们的合理权益。

只有在尊重的基础上才能做到语言和气、文雅、有礼貌。语言礼仪是以尊重为基础的。如果你对别人不尊重，就不会由衷地说出文明礼貌的话语。文明礼貌的谈吐，会让对方产生受到尊重、礼让的感受。反之，说话大大咧咧，满不在乎，脏话、粗话、怪话连篇，只能给旅客留下没有教养的坏印象。

对乘务人员来说，掌握良好的语言礼仪是实现优质服务的必备条件之一。乘务人员说话的水平，直接影响到服务的水平和运输部门的声誉，所以，在乘务服务中，讲究语言艺术是非常重要的，这不仅是工作的要求，同时也是衡量一个人涵养和能力的重要尺度。乘务人员对旅客说话必须注意语言的规范性、礼节性、完整性、准确性、逻辑性、策略性，说话的声调要温和、亲切、谦逊，切不可说脏话、粗话、怪话，更不可用粗野庸俗的话语刺激、侮辱旅客。良好的语言表达能力是可以在生活实践和工作实践中培养、锻炼出来的。

二、乘务服务语言礼仪的要求

乘务人员为旅客服务时应使用普通话，讲究语言礼仪，做到口齿伶俐、吐字清晰、语言简练、自然大方、声音柔和、语调平稳、谈吐文雅。乘务人员在实际工作中，要遵循以下语言礼仪要求。

(1) 对旅客要做到勤为主、话当先。服务中要有“五声”（旅客进门或上车有问候声、遇到旅客有招呼声、得到协助有致谢声、麻烦旅客有致歉声、旅客离开有道别声）。杜绝

使用“四语”（不尊重旅客的蔑视训斥语、缺乏耐心的烦躁语、自以为是的否定语和刁难旅客的斗气语）。

(2) 遇到旅客要面带微笑，主动向旅客问好、打招呼。对旅客称呼要得当，以尊称表示尊重，以简单亲切的问候及关心的话语表示热情。知道职务、职称的称呼职务、职称，如“×× 主任”“×× 局长”“×× 教授”；不知道职务、职称的可称呼“先生”“女士”“小姐”等。切忌用“喂”来招呼旅客。即使旅客离自己距离较远，也不能高声呼喊。

(3) 接待旅客时要用礼貌的语言向旅客表示问候和关心。应当“请”字当头，“谢”字不离口，表现出对旅客的尊重。

旅客到来时应热情问候：“您好，欢迎您乘坐本次列车（航班、邮轮）出行！”服务过程中可以询问：“还有什么可以帮您？”旅客离去时可以说：“再见，请走好！”一天中不同时刻可分别用“早上好”“中午好”“晚上好”来问候旅客。

(4) 与旅客对话时宜保持 1 m 左右的距离，讲话时应态度和蔼，语言亲切、自然，表达得体准确，音量适中，以对方听得清楚为宜，答话要迅速、明确。

(5) 应用心倾听旅客所讲的话，眼睛要望着旅客脸部，在旅客把话说完前，不要随意打断旅客。也不要有任何心不在焉、不耐烦的表情。对于没听清楚的地方要礼貌地请旅客重复一遍。

(6) 应妥善答复旅客的询问。对旅客的投诉要耐心倾听并巧妙处理，千万不要和旅客争辩。对于旅客的无理要求，要能沉住气，耐心解释，婉言谢绝。当旅客表示感谢时，应微笑、谦逊地回答：“不用谢，您太客气了！”在行走过程中遇有旅客问话时，应停下脚步，认真回答。

(7) 要注意选择礼貌用语，恰当地使用礼貌用语。

(8) 合理运用基本礼貌用语。

称呼语：“先生”“小姐”“夫人”“女士”“同志”“老大爷”“老大娘”“小朋友”“那位先生”“那位女士”“那位同志”等。

欢迎语：“欢迎光临”“欢迎您乘坐本次列车（航班、邮轮）”“祝您旅途愉快”等。

问候语：“您好”“早上好”“中午好”“晚上好”“晚安”“见到您很高兴”等。

祝贺语：“祝您节日快乐”“祝您生日快乐”“祝您生意兴隆”等。

告别语："再见""祝您一路顺风""欢迎您再次乘坐本次列车（航班、邮轮）"等。

道歉语："对不起""请原谅""打扰您了""失礼了""让您久等了""请不要介意"等。

道谢语："谢谢""非常感谢！"等。

应答语："是的""好的""我明白了""这是我应该做的"等。

征询语："请问您有什么事""需要我帮您做些什么吗""您还需要别的帮助吗""这会打扰您吗""您需要……""请您……好吗"等。

推辞语："很遗憾""恐怕这样是不可以的，谢谢您的理解"等。

三、乘务人员一般规范用语

1. 文明敬语

"请""您""谢谢""对不起""没关系""不客气""再见"等。

2. 旅客尊称

年长旅客，统称为"老师傅""老先生""老同志"等。

年轻旅客，统称为"女士""先生""旅客"等。

年少旅客，统称为"同学""学生"等。

年幼旅客，统称为"小朋友"等。

3. 查、验车票用语

需要查验票证时可以对旅客说："您好，请出示您的车票（登机牌、船票）。"

对持有效票证的旅客，查验后应说："谢谢！请收好。"

4. 温馨提示用语

(1) 开、关车（舱）门时说："站在车（舱）门处的旅客，请您注意，(我)要开(关)车（舱）门了。"

(2) 向旅客进行车（舱）内、外安全提示时说："请您扶好、坐稳。"，或说："请您注意安全。"

(3) 向旅客进行防盗提示时说："各位旅客，请您携带(保管)好随身物品，以免丢失。"

5. 妨碍、打扰旅客时的用语

妨碍、打扰旅客时说："抱歉""对不起""请原谅""不好意思""请多包涵"等礼貌用语。

6. 引导用语

要使用明确而规范的引导用言，多用敬语，例如“您好！”“请”等，以示尊重。

7. 常用礼貌用语

问候：“您好”“大家好”。

迎送：“欢迎光临”“再见”“请走好”。

请托：“麻烦”“打扰了”“请稍候”。

致谢：“谢谢”。

征询：“您需要帮忙吗”“这样可以吗”。

答复：“好的”“很高兴为您服务”“不要紧”。

赞赏：“这个办法不错”“太好了”。

道歉：“对不起”“请多包涵”“失敬了”。

8. 禁忌话题

乘务人员在工作中要做到“七不问”，即涉及年龄、婚姻、收入、经历、住址、信仰、健康的内容不问。

四、乘务人员规范用语

(1) 当旅客询问时说：“您好，请讲。”

(2) 检票时说：“请您出示车票（登机牌、船票）。”

(3) 检查危险品时说：“对不起，请您将包打开接受检查，谢谢。”

(4) 整理队伍时说：“请您按顺序排好队。”

(5) 需要旅客配合通行时说：“对不起，劳驾。”

(6) 整理行李，打扫卫生时说：“对不起，请您让一下。”

(7) 遇到旅客寻求帮助时说：“请问您需要什么帮助。”

(8) 失礼时说：“对不起，请原谅。”

(9) 纠正旅客违反规章制度时说：“请您配合我们的工作，谢谢！”

(10) 受到旅客表扬时说：“请您多提宝贵意见。”

(11) 受到旅客批评时说：“对不起！给您造成困扰了。”

(12) 售票时说：“请问您买到哪里？”

(13) 接到旅客咨询电话时说：“您好，请讲。”

(14) 售票窗口拥挤时说："请大家按顺序排好队，不要拥挤。"

(15) 旅客买票排错队时说："对不起，请到 ×× 窗口排队购票。"

(16) 误售客票时说："对不起，请稍等，马上更正。"

(17) 旅客行李超重时说："对不起。请您按规定补费。"

(18) 旅客之间发生矛盾时说："请不要争吵，有问题合理解决。"

项目四　乘务服务礼仪技巧

本项目对乘务服务礼仪技巧进行介绍，使读者对乘务服务礼仪有更加全面的认识。

项目知识结构框图

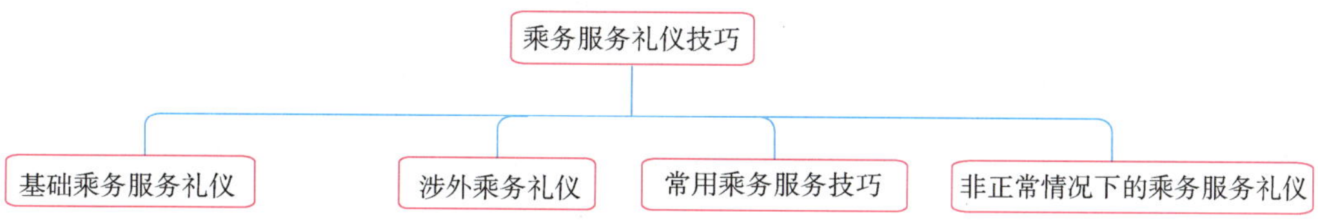

任务一 基础乘务服务礼仪

任务导语

面对形形色色的旅客和多种不同情况，在贯彻相关服务质量标准的基础上，还要遵守基础乘务服务礼仪，才能让旅客感受到优质的服务。通过哪些细节可以彰显乘务人员的礼仪风范呢？本任务将对基础乘务服务礼仪进行介绍。

知识点

(1) 针对普通旅客的服务礼仪；

(2) 针对特殊旅客的服务礼仪。

能力要求

能针对不同旅客的特点，提供个性化的服务。

任务思维导图

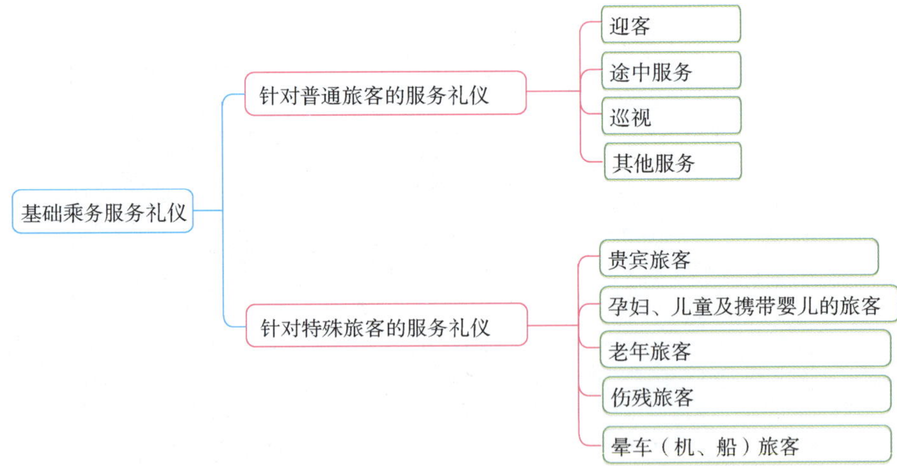

一、针对普通旅客的服务礼仪

1. 迎客

(1) 检查洗手间洗手液是否注满、喷头是否通畅。

(2) 如果交通工具内的空气不够清新，在旅客登乘前，乘务人员可在座椅侧面喷洒少量香水，空气中喷洒少量空气清新剂，洗手间内除喷洒空气清新剂外，还可将固体香水取下直接对准通风口，以起到祛除异味的作用。

(3) 乘务人员的行李物品不能占用旅客行李架。

(4) 乘务人员在交通工具中相遇可背对背侧身，让对方通过，与旅客相遇时则应礼让旅客，让旅客先行通过。

(5) 迎客前须再次整理仪容仪表，旅客登乘时，主动问候旅客，老人等重点旅客上车时，主动上前搀扶，协助提拿行李，儿童上车时弯腰问候，可抚摸儿童肩部表达对儿童的关爱。

(6) 委婉提醒旅客找到座位后将过道让开，以便后面的旅客通过，但不得吆喝、推搡旅客，随时注意自身在疏通过道或协助旅客安放行李时是否堵住了过道。

(7) 要亲切、友好地提醒旅客不要将所携带的物品放在过道上，以免给其他旅客带来不便。

(8) 协助老、弱、病、残及行李过多、过重的旅客安放行李。

(9) 在帮旅客摆放行李时，要先经旅客同意，摆放时轻拿轻放，同时要注意将行李摆放在旅客视线范围内，并提醒旅客自行看管好行李。避免将行李摆放在离旅客座位过远的行李架上，尤其是老年旅客的行李，要尽量放置在其座位的下方、上方或前方，避免其因无法照看而感到不安。

2. 途中服务

(1) 仔细观察旅客，对神色异常、感觉不舒服的旅客及时给予关心和帮助。

(2) 为旅客提供服务时，要使用规范的服务用语。

(3) 在保障安全、不违反政策的前提下适当为患病、身材高大等有特殊困难的旅客调整到更加舒适的座位或为其升级座位等级。

(4) 交通工具即将开动前，如旅客尚未就座，可上前提醒旅客坐好，注意安全。

(5) 提醒旅客不要把容易滴洒的液体放在行李架上。

(6) 提醒旅客保管好笔记本电脑等贵重物品或易碎物品。

(7) 乘务人员在走动时，动作要轻，避免碰撞正在阅读报刊或休息的旅客，拉帘子的动作要轻并要提前和旅客打好招呼，避免惊扰旅客。

(8) 提前安排好液晶屏幕的视频播放顺序。乘务人员要提前感受音量大小，并做适当调整。

(9) 了解旅客对视频节目的反应，及时更换不受欢迎的节目。

(10) 为旅客提供饮品时，主动协助旅客打开小桌板。检查列车提供的食品、饮料的品质，以及餐饮用具是否干净。

(11) 为旅客服务时，要留心观察，最好在旅客开口之前就提供所需服务。如图 4–1 所示，乘务人员观察到旅客希望调整座椅靠背时，可主动上前询问，得到肯定答复后为旅客进行服务。

图 4–1　为旅客调节座椅

3. 巡视

(1) 乘务人员须保持口腔清新，避免口腔异味干扰旅客。

(2) 要保持洗手间干净、卫生，定期打开洗手间通风口，及时喷洒香水，如部分洗手间马桶异味较大，须及时盖好马桶盖。

(3) 打扫洗手间时须关上洗手间的门，以免冲水的噪声和异味打扰旅客。

(4) 乘务人员单独回答旅客询问时，可以采用蹲式服务，音量以不影响其他旅客休息为宜；委婉提醒大声交谈的旅客，避免其影响其他旅客。

(5) 巡视时避免碰撞看报或休息的旅客，如不小心碰撞旅客，应及时真诚地道歉。

(6) 旅客把报纸伸出过道阅读时，乘务人员应委婉地要求旅客把过道让出并及时对旅客的配合表示感谢。

(7) 提醒大声喧哗的旅客保持安静，要注意说话的态度及语气，充分尊重旅客，宜采用征求意见式劝阻法，而不是严肃的命令式劝阻法。

(8) 旅客按了呼唤铃时，乘务人员应立即询问旅客："请问有什么可以帮你？"之后关闭呼唤铃。禁止出现乘务人员直接关闭呼唤铃，不询问旅客需要什么帮助的情况。

(9) 询问阅读书报的旅客是否需要打开阅读灯。

(10) 当洗手池水龙头出现故障时，乘务人员应主动为旅客提供湿纸巾。

(11) 供旅客使用的服务设施出现故障时，乘务人员可以提前在出现故障的位置贴上一

些提示性的告示。

(12) 如图 4–2 所示，乘务人员在工作中应时刻保持良好的精神面貌和训练有素的举止。

图 4–2 乘务人员在工作中应时刻保持良好的精神面貌和训练有素的举止

(13) 耐心倾听旅客的各种抱怨，力所能及地满足旅客的要求。

(14) 避免谈论有争议的话题，避免与旅客长谈。

(15) 到达前，应及时将预计到站时间和到达地的天气等情况告知旅客。

(16) 从乘务人员座椅起身时，用手轻轻按压椅面，避免座椅强烈弹起而发出声响。

(17) 送客时，对行李较多的旅客应提供适当的帮助，当其堵住通道时，应主动上前帮助旅客提拿行李；如旅客的背包肩带掉落，可帮其扶好。

4. 其他服务

(1) 旅客丢弃在车厢通道上的杂物，包括报纸、纸巾，包装纸，甚至是非常小的牙签、碎纸屑等都要及时清理干净。

(2) 旅客睡着时，实行“零干扰”服务。

(3) 委婉阻止持低等级票的旅客到高等级座位就座，避免乘务人员及售货车频繁进出。乘务人员说话要轻，动作也要轻，避免打扰旅客。

二、针对特殊旅客的服务礼仪

1. 贵宾旅客

(1) 了解贵宾旅客的职务、年龄、性别、服务喜好等信息，以方便为其提供个性化的服务。

(2) 贵宾旅客登乘时，及时为贵宾旅客挂好衣物并向其介绍座位号和到达时间。

(3) 尽量减少对贵宾旅客的不必要打扰，如贵宾旅客不需要服务，乘务人员之间应做好沟通，避免重复询问。

(4) 送客时帮助贵宾旅客提拿行李并交给接站人员或随行人员，真诚地向贵宾旅客道别，表达期待再次为其服务的意愿。

(5) 与贵宾旅客聊天时，话题应避免涉及商业机密或政治方面的内容。

(6) 不要忽视贵宾旅客的随行人员，对贵宾旅客随行人员的各项服务应优于普通旅客。

(7) 乘务人员应真诚地询问贵宾旅客及其随行人员对乘务服务质量的满意度。

(8) 贵宾旅客随行人员下车时，也须主动向其道别。

2. 孕妇、儿童及携带婴儿的旅客

(1) 孕妇旅客登乘时，应主动帮助其提拿、安放随身携带品。

(2) 向孕妇旅客多提供几个清洁袋，主动询问孕妇旅客感受，随时给予照顾。

(3) 到达时，乘务人员可协助孕妇旅客提取行李。

(4) 儿童旅客上车时可弯腰向其问好，以表示欢迎及爱护，要告知儿童旅客的监护人不要让孩子随便跑动，以免发生危险。

(5) 根据现有条件向儿童旅客提供一些读物、玩具等。

(6) 主动关闭婴儿所在座位的通风孔，告知携带婴儿的旅客卫生间换尿布台的位置及使用方法。

(7) 主动帮助携带婴儿的旅客提拿行李并将行李安放整齐，事先提示其把婴儿用的物品取出，放在便于拿取的位置。

(8) 用餐时，提醒携带婴儿的旅客及周围的旅客注意避免将小桌板上的饮料（尤其是热饮）泼洒到婴儿身上。主动询问携带婴儿的旅客是否需要为婴儿准备食物，是否要冲奶粉，有无其他特殊要求等，为婴儿准备热水时，用小毛巾或餐巾纸将冲好的奶瓶包好，递给照顾婴儿的旅客。

(9) 要时刻关注携带婴儿的旅客，但除非旅客请乘务人员帮忙，否则不要主动去抱婴儿。

3. 老年旅客

(1) 老年旅客登乘时，需主动上前搀扶并将其送到座位上。

(2) 老年旅客腿部怕冷，应主动提供毛毯。

(3) 由于老年旅客听觉较差。经常听不清楚广播内容，乘务人员应主动告诉其广播内容并向其介绍相关服务设备、洗手间的位置等信息。与老年旅客讲话时，音量要提高，但要注意保持友好亲切的说话语气和服务态度。

(4) 旅途中经常看望老年旅客，主动问寒问暖。工作空余时多与他们交谈，消除老年旅客的寂寞。

(5) 到达目的地后，提醒老年旅客别忘记所携带的物品，搀扶其离开，与接站人员做好交接。

(6) 如老年旅客要使用洗手间，应及时满足并帮其放好马桶垫纸。

4. 伤残旅客

(1) 了解伤残旅客的到达站并将到达时间、换乘及时间等信息通过语言、手势或写字等多种有效的方式告诉伤残旅客。

(2) 将车上设备的使用方法、洗手间位置等信息通过语言、手势或写字等多种有效的方式告诉伤残旅客。服务过程中要尊重伤残旅客的意愿。

(3) 将伤残旅客安排在离进出口较近的位置。

(4) 伤残旅客就座后，应主动询问其是否需要枕头或毛毯。

(5) 对于下肢伤残的旅客，应及时用小纸箱等物品协助其垫高下肢，尽量使其感觉舒适。

(6) 乘务人员在为伤残旅客（特别是刚受伤的旅客）服务的时候，应保持正常的心态，以免伤其自尊心，不可出现歧视、怜悯等态度。

(7) 无人陪伴的伤残旅客去洗手间时要主动搀扶。

(8) 到达后，帮助伤残旅客离开并与接站人员做好交接后，服务工作才结束。

(9) 乘务服务工作中经常会遇到有语言障碍的旅客，掌握基本的手语非常必要。下面介绍几种简单的手语动作。

“你好”的手语动作如图 4–3 所示。

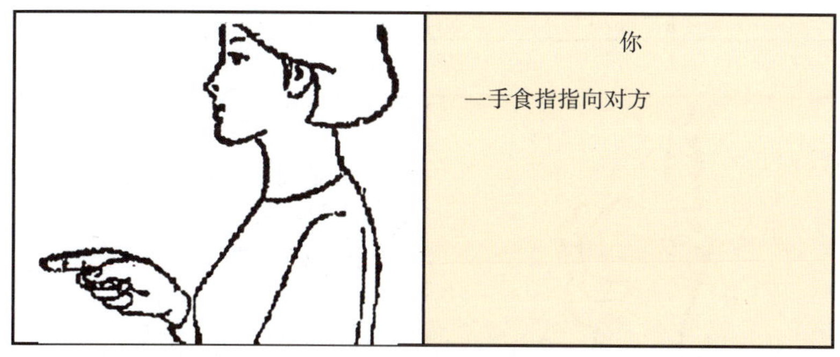

(a)“你”的手语动作

(b)“好”的手语动作

图 4–3　“你好”的手语动作

表示快的手语动作是一手拇、食指相捏，在眼前迅速划过。

表示慢的手语动作是一手掌心向下，慢慢地上下微动几下。

表示等的手语动作是一手横伸，手背贴于颌下。

“对不起”的手语动作如图 4–4 所示。

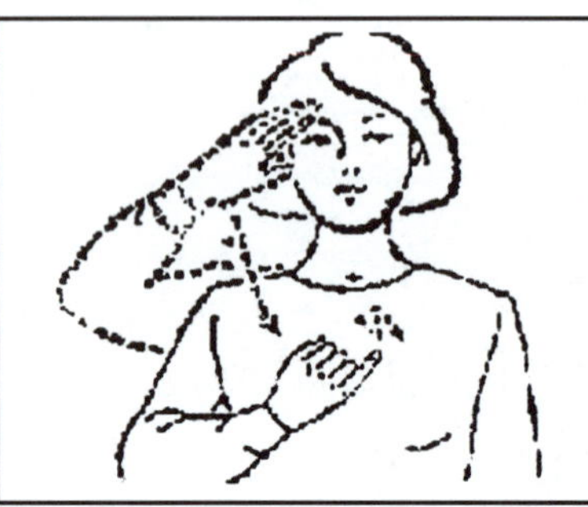	对不起 一手五指并拢，举于额际，先做“敬礼”手势，然后将手下放，伸出小指并在胸部点几下，表示向人致歉并自责之意

图 4–4　“对不起”的手语动作

“零”至“十”的手语动作如图 4–5 所示。

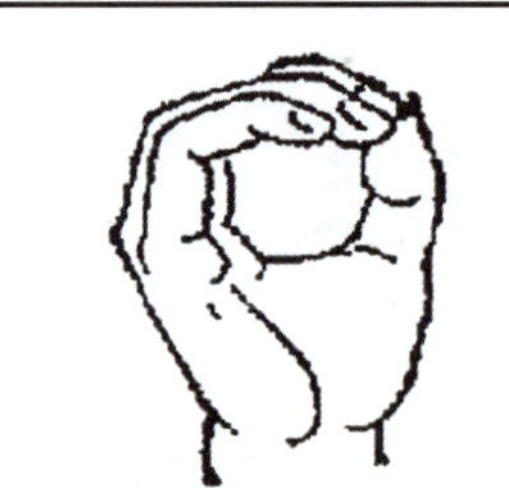	零 一手拇、食指相捏成圆圈，余指自然弯曲

（a）“零”的手语动作

	一 一手伸出食指，其余四指弯曲

（b）“一”的手语动作

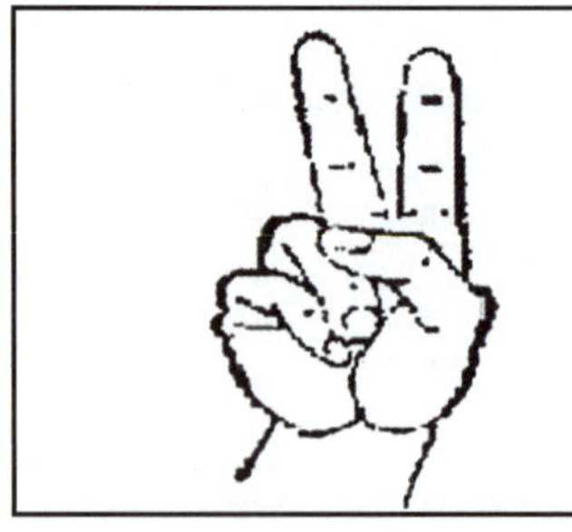	二 一手伸出食指、中指，其余三指弯曲

（c）“二”的手语动作

图 4–5　“零”至“十”的手语动作

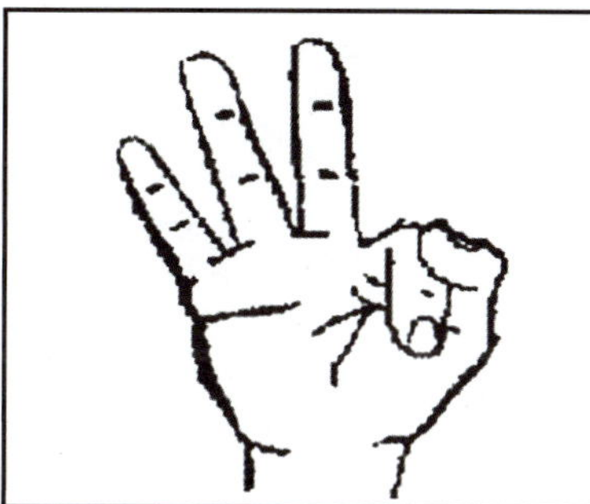	三 一手伸出中指、无名指、小指，拇指、食指弯曲

(d) “三”的手语动作

	四 一手伸出食指、中指、无名指、小指，拇指弯曲

(e) “四”的手语动作

	五 五指一起伸出

(f) “五”的手语动作

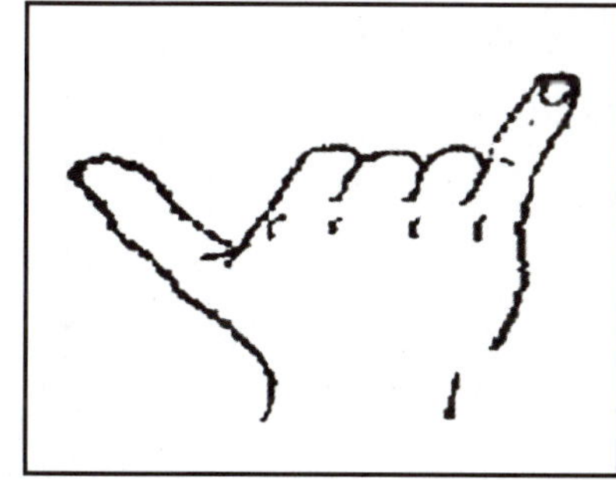	六 一手伸出拇指、小指，其余三指弯曲

(g) “六”的手语动作

图 4–5 “零”至“十”的手语动作（续）

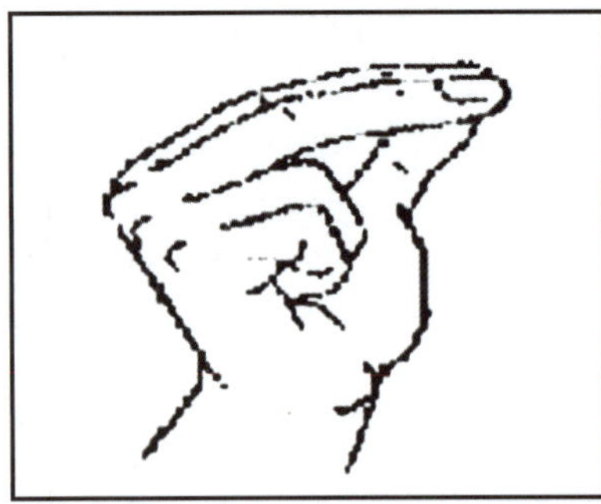	七 一手拇指、食指、中指相捏，其余两指弯曲

（h）“七”的手语动作

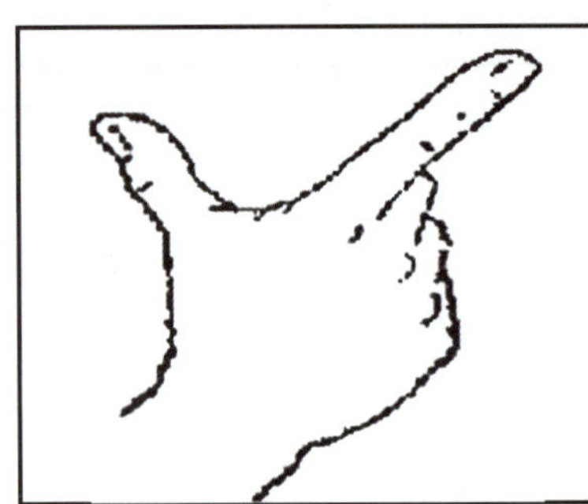	八 一手伸出拇指、食指，其余三指弯曲

（i）“八”的手语动作

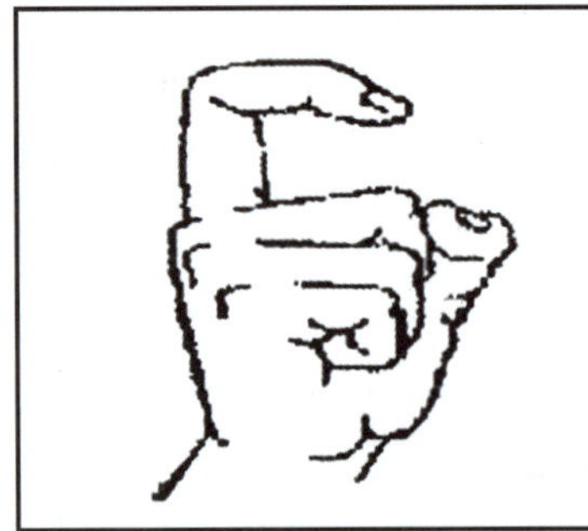	九 一手食指弯如钩形，其余四指弯曲

（j）“九”的手语动作

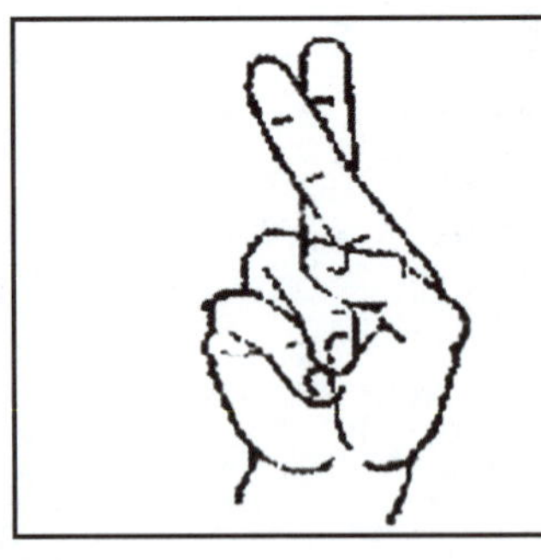	十 一手食指、中指交叉，其余三指弯曲

（k）“十”的手语动作

图 4-5　“零”至“十”的手语动作（续）

“上”“下”的手语动作如图 4-6 所示。

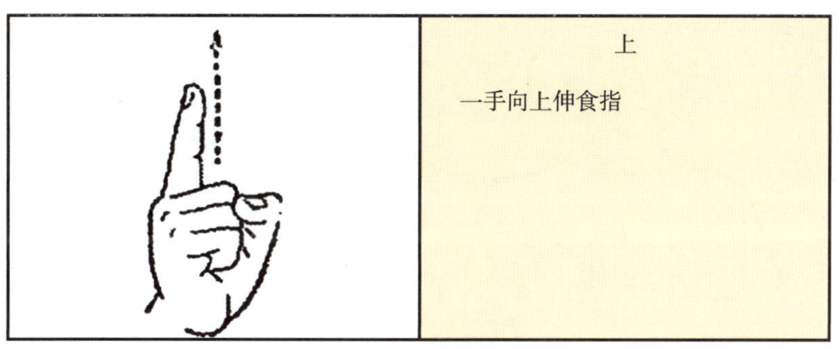

（a）“上”的手语动作

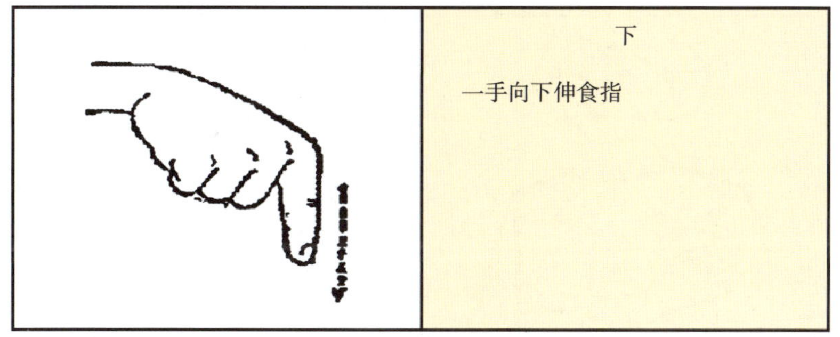

（b）“下”的手语动作

图 4–6 “上”“下”的手语动作

“前”“后”“左”“右”的手语动作如图 4–7 所示。

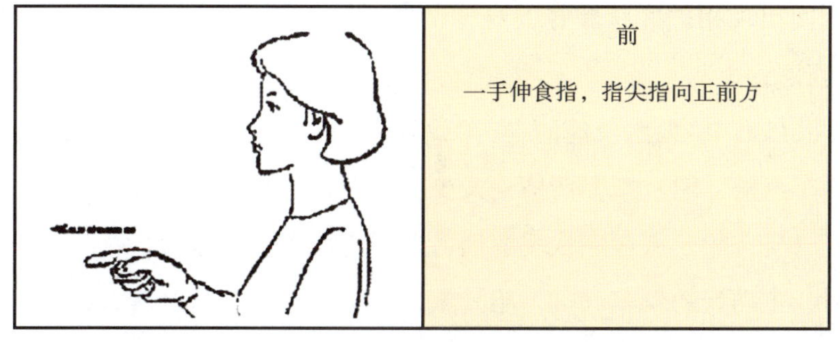

（a）“前”的手语动作

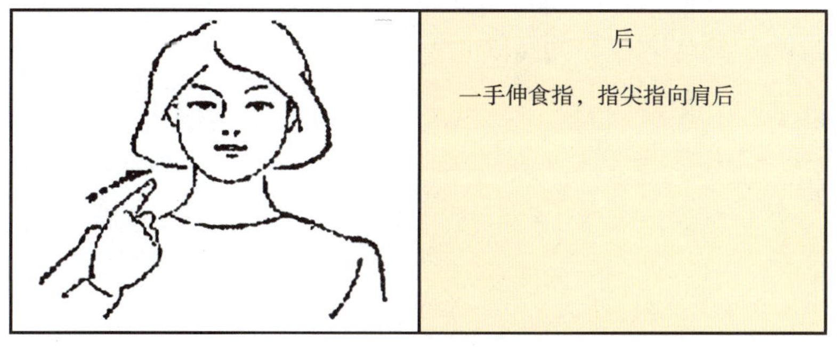

（b）“后”的手语动作

图 4–7 “前”“后”“左”“右”的手语动作

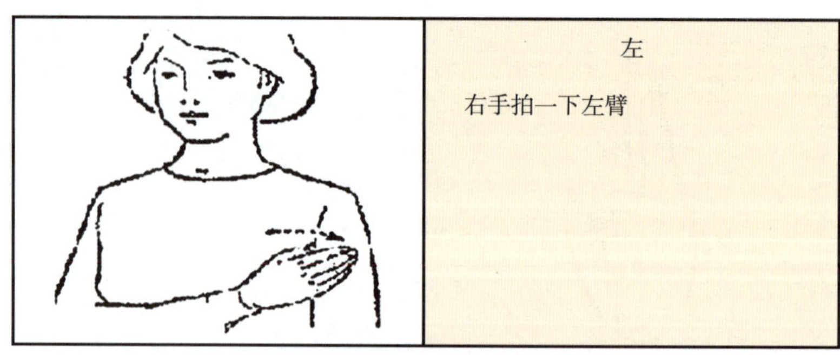

(c) “左”的手语动作

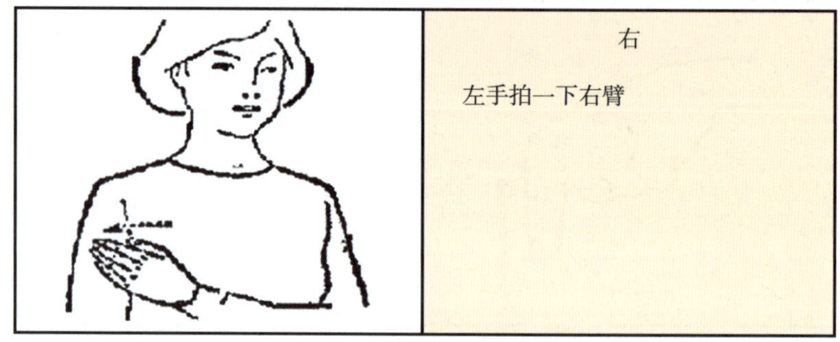

(d) “右”的手语动作

图 4–7 “前”“后”“左”“右”的手语动作（续）

5. 晕车（机、船）旅客

(1) 轻声询问出现相关症状旅客的身体情况及有无相关病史，根据情况为旅客提供相关药品并加以安慰。

(2) 主动提供热毛巾、温水及清洁袋，建议晕车（机、船）旅客解开过紧的领带或衣领扣。

(3) 可将晕车（机、船）旅客转移到人少、通风良好的处所。

(4) 待晕车（机、船）旅客症状缓解后，适时为旅客提供服务。

(5) 到达时，主动帮助晕车（机、船）旅客提拿行李并搀扶其离开。

任务二 涉外乘务礼仪

任务导语

人们在涉外场合的行为举止，不单纯是个人行为，还代表着本部门、本行业的形象，甚至代表着国家的形象，因此，乘务人员必须掌握涉外礼仪知识、懂得涉外礼仪规范，才能更好地为外籍旅客服务。

知识点

(1) 涉外礼仪的基本要求；
(2) 涉外礼仪的禁忌；
(3) 涉外交际礼仪。

能力要求

(1) 能了解涉外礼仪的基本要求；
(2) 能掌握涉外礼仪的禁忌；
(3) 能掌握简单的涉外交际礼仪规范。

任务思维导图

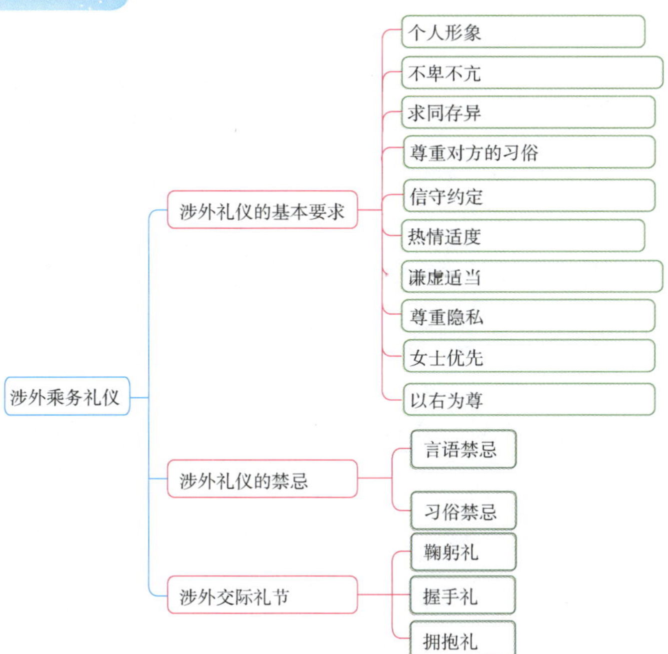

一、涉外礼仪的基本要求

1. 个人形象

乘务人员的个人形象包括仪容仪表，言谈举止，个人气质等，个人形象给人第一印象，非常重要。

2. 不卑不亢

乘务人员要意识到自己代表的是国家、民族、所在单位，言行应从容得体，堂堂正正，不应表现得畏惧、卑微、低三下四，也不应表现得狂傲自大、目中无人。对个别外籍旅客的不友好言行，要具体分析，正确对待，不能感情用事。发生特殊情况交由上级领导和公安部门处理。

3. 求同存异

乘务人员要树立正确的涉外礼仪观念（各国礼仪习俗存在差异，重要的是互相理解，而不是评判是非，鉴定优劣）。

4. 尊重对方的习俗

乘务人员要真正做到尊重外籍旅客，首先必须尊重对方所独有的风俗习惯。

5. 信守约定

乘务人员须严格地遵守自己的所有承诺，说话务必算数，许诺一定兑现。

6. 热情适度

乘务人员不仅对待外籍旅客要热情友好，更为重要的是要把握热情友好的具体分寸，否则就会事与愿违，过犹不及，会使人厌烦或怀疑你别有用心。

7. 谦虚适当

乘务人员一方面不能一味地抬高自己，另一方面也绝对没有必要妄自菲薄、自我贬低、自轻自贱，过度对外籍旅客谦虚客套。

8. 尊重隐私

乘务人员在对外交往中不要涉及收入、年龄、婚姻、健康、家庭住址、个人经历、信仰、政见等隐私方面的话题。

9. 女士优先

在一切社交场合，尊重、照顾、体谅、关心、保护妇女是世界通行的礼仪规则。

10. 以右为尊

在并排站立、行走、就座、会见、会谈、宴会桌次、乘车、挂国旗等方面都应遵循以右为尊的国际惯例。

二、涉外礼仪的禁忌

人们在交流中并不是想说什么就说什么的，在日常交际中不是任何话题都可以涉及的。在人际交往中，有些话题是要回避的，由于人们不愿或不敢随便谈论一些话题或词汇，于是就出现了禁忌现象。在日常生活和工作中，违反言语禁忌，往往会显得唐突和无理，容易造成不好的后果。

1. 言语禁忌

1）称谓禁忌

与外籍旅客交往，对男性一般称“先生”，对女性一般称“夫人”“小姐”。在称呼的前面，也可以冠以姓名、职称、衔称等。对地位高的官方人士，如部长以上的高级官员，可称“阁下”，对有地位的女性可以称夫人，对有官阶、官衔的女性，也可称“阁下”。诸如“外国佬”“老外”等称谓是严禁使用的。

2）词语禁忌

词语禁忌内容较多，例如，无论东方还是西方，都对“死”有忌讳，都不愿意提及“死”字。对于生理有缺陷的人，为避免伤害其自尊心，也要使用委婉的表达方式。要在平时多积累词语禁忌知识，才能做到有备无患。

2. 习俗禁忌

1) 隐私禁忌

在许多国家，个人隐私是人们最大的禁忌之一。个人隐私包括个人的年龄、财产、工资、婚姻、职业、政治倾向、宗教信仰等。除非本人乐意，否则询问别人的隐私会引起对方极大的不快。

2) 公共场合禁忌

许多国家在公共场合要严格遵守先来后到的顺序。在公共场合打电话或与他人交谈时，不能大声喧哗。

3) 饮食禁忌

饮食是一个人生活的重要组成部分，在长期的生活过程中，每一个国家或民族都形成了自己独特的饮食文化，而饮食禁忌便是饮食文化中的重要组成部分。饮食禁忌既涉及饮食的内容，即忌吃哪些食物，也涉及饮食方式，即进食时忌讳的行为或方式。西方人忌吃肥肉及鸡、鸭类动物的皮（烤鸭、烤鸡的皮除外），忌食各种动物的头、脚、内脏做成的食品。另外，我们还知道进食时有各种规矩，西方人用刀叉吃饭，东方人用筷子，还有的民族用手抓饭吃，他们这样做的时候也有各种禁忌，比如西方人进食忌刀叉取食时叮当作响。西方人进食时，自己不喜欢的饭菜会少要，或不要，忌自己的菜盘剩下东西不吃；忌大吃大喝弄出声音；忌喝汤时弄出声；口中有食物时忌说话；忌饭后当众剔牙等。

4) 数字禁忌

对某些数字的禁忌是世界各民族共有的现象。例如对许多西方人来说，“13”是一个令人恐惧的数字，高速铁路客运服务人员在为其服务时，就应尽量不说这个数字。

三、涉外交际礼节

1. 鞠躬礼

在西方国家也有鞠躬的礼节，即用俯首、弯腰以示尊敬之意。比如，鞠躬迎客、鞠躬送客、鞠躬致意、鞠躬致谢，但是西方人没有东方人三鞠躬的“大礼”。在一般情况下西方人行鞠躬礼时，保持一种自然下倾，不超过 15° 的身体姿势。

2. 握手礼

握手礼是通用的交际礼节，使用范围很广。

握手时，双方都要站着握手，如果相距较远，则双方要走近后再握手。

西方人握手后马上松开，两人的距离也随即拉开。

3. 拥抱礼

拥抱是西方的礼节，在拥抱时，两个人相对而立，右臂偏上，左臂偏下，右手护着对方的左肩，左手扶着对方的右后腰，按各自的方位，两人头部及上身都先向左拥抱，再转向右拥抱，最后又向左拥抱。

任务三 常用乘务服务技巧

任务导语

乘务服务技巧是乘务服务工作经验的总结，掌握常用乘务服务技巧对于乘务人员至关重要。本项目对常用乘务服务技巧进行介绍。

知识点

(1) 补票工作技巧；
(2) 避免持低等级票旅客打扰持高等级票旅客的处理技巧；
(3) 乘务人员损坏或弄脏旅客衣服的处理技巧；
(4) 旅客接听手机声音较大、使用计算机时声音较大或大声说话时的处理技巧。

能力要求

(1) 掌握补票工作技巧；
(2) 掌握避免持低等级票旅客打扰持高等级票旅客的处理技巧；
(3) 掌握乘务人员损坏或弄脏旅客衣服的处理技巧；
(4) 掌握旅客接听手机声音较大、使用计算机时声音较大或大声说话时的处理技巧。

任务思维导图

- 常用乘务服务技巧
  - 补票工作技巧
  - 避免持低等级票旅客打扰持高等级票旅客的处理技巧
  - 乘务人员损坏或弄脏旅客衣物的处理技巧
  - 旅客接听手机声音较大、使用计算机时声音较大或大声说话时的处理技巧

一、补票工作技巧

车（机、船）票是旅客乘车的凭证，是铁路与旅客的运输合同，也是铁路盛情相邀的“请柬”。

查票前要事先做好广播宣传或口头宣传：“旅客们，现在开始验票，请大家把票准备好，谢谢！”要在提醒当中传递一份善解人意的关怀。

查票的时机要在适当时候，以免影响旅客休息。

注意查票时的语言，要亲切礼貌，“请”字当头。

在查票时往往会碰上不理不睬、不配合的旅客。无论他出于什么原因，都不能计较，可略提高音量，态度和蔼地说“先生（女士），请出示您的票，如果您没来得及买票，可以办理补票手续。”只要据理说事，态度和蔼，大部分旅客是会积极配合的。

切不可有“终于让我逮到你了”的心态，得理不让人。要有理说理，就事论事，绝不能把话题引向旅客的品格、修养上，进行人身攻击。

二、避免持低等级票旅客打扰持高等级票旅客的处理技巧

(1) 乘务人员应随时监控相关情况，防止无关人员进入高等级区域。

(2) 发现持低等级票旅客就座高等级座时，可以友善地询问：“请问，您是想办理升级手续吗？”处理过程中尽量不要影响其他旅客休息。

(3) 有持高等级票旅客就座时，应委婉阻止其他旅客在高等级区域拍照或参观。

三、乘务人员损坏或弄脏旅客衣物的处理技巧

(1) 当乘务人员在服务过程中，由于自身或其他原因损坏或弄脏旅客的衣物时，应马上向旅客致歉（语言要亲切，语气要充满关心），尽量帮助旅客做整理、清洗等弥补工作，将损失降到最低。

(2) 对于弄脏的衣物，乘务人员应主动提出帮助旅客清洗，如果在交通工具上无法清洗，应将旅客的联络方式留下，待衣物清洗干净后，以邮寄等方式送还旅客。

(3) 对于损坏程度较大，需要赔偿的衣物，应酌情给予赔偿（尽量平息旅客的怒气，以尽快解决问题为首要原则），一般情况下，由乘务人员所属单位承担赔偿费用，如果是乘务人员故意损坏或弄脏旅客衣物，则由乘务人员承担赔偿费用。

(4) 如衣物的损坏或弄脏是由不可抗拒的原因引起的，乘务人员所属单位也应给予旅客适当的补偿，以体现运输部门对旅客的关心。

四、旅客接听手机声音较大、使用计算机时声音较大或大声说话时的处理技巧

乘务人员要走到旅客旁边，劝旅客尽量降低接听手机时的声音或到非乘坐区域接听手机；用婉转的语言劝使用计算机的旅客戴上耳机或把计算机音量调小；建议旅客说话时要声量适当，尽量不对其他旅客造成影响，最后要对旅客的配合表示感谢。

任务四 非正常情况下的乘务服务礼仪

任务导语

在正常情况下乘务人员根据服务礼仪规范井然有序地开展服务工作，但出现非正常情况时，怎样保持良好的心态，临危不乱，继续提供符合礼仪规范的服务是本项目要介绍的主要内容。

知识点

(1) 发生旅客争执时的应急服务礼仪；
(2) 旅客丢失、被盗物品时的应急服务礼仪；
(3) 旅客受伤时的应急服务礼仪；
(4) 旅客食物中毒时的应急服务礼仪；
(5) 对精神病旅客的应急服务。

能力要求

能够有效解决乘务工作中发生的各种突发情况，为旅客提供符合礼仪规范的服务。

任务思维导图

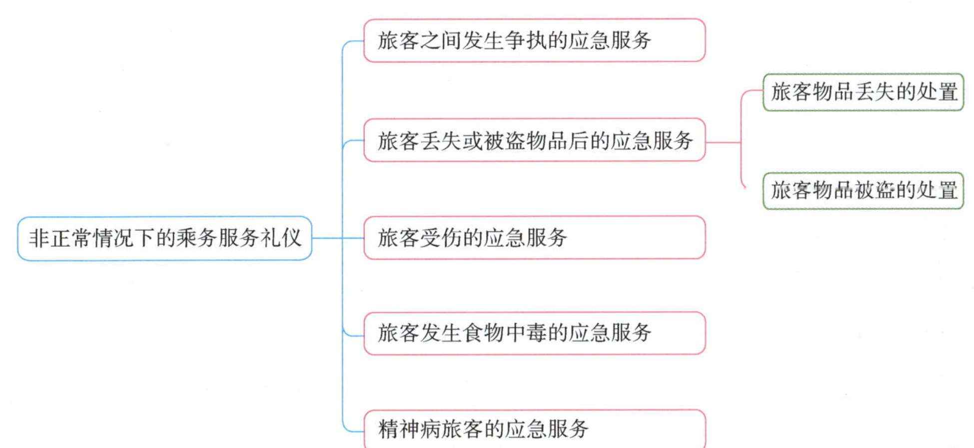

一、旅客之间发生争执的应急服务

(1) 乘务人员先安抚旅客并简单了解事情的起因，同时报告乘务长。

(2) 尽可能为旅客调整座位，协助旅客妥善放置好随身物品，调解、缓解旅客间的矛盾，注意语言技巧，减少事件对周围旅客的影响。

(3) 对于不听乘务员劝阻，争执行为过激引发打架斗殴，且经警方调节，仍无法平息矛盾的，应及时报告乘务长，由乘务长决定是否需要公安派出所人员协助，旅客是否可以继续旅行。

(4) 如乘务长同意旅客继续旅行，乘务人员在途中应加强监控，以避免矛盾再次激发。

(5) 乘务人员应向相关旅客提供优质的服务，消除旅客不愉快的记忆，缓解矛盾。

二、旅客丢失或被盗物品后的应急服务

1. 旅客物品丢失的处置

(1) 得知旅客丢失物品后，乘务人员应及时向乘务长和警方通报，配合乘务长和警方询问当事人是否确定物品在本交通工具上丢失。

(2) 了解丢失物品的基本特征，通过广播播放寻物启示并积极配合当事人寻找丢失物品。

(3) 记录丢失物品的名称、型号、形状，颜色、大小，包括当事人的姓名、联系地址，电话等详细信息。

(4) 询问旅客是否需要通知相关公安部门协助寻找。

(5) 如需要排查，须对其他旅客做好解释工作，广播说明有旅客丢失了贵重物品，请大家协助检查。应注意语言技巧，避免引起其他旅客的反感。如部分旅客已经离开，通知公安派出所在出口处对相关旅客进行排查。

(6) 乘务长按规定填写乘务报告，及时将旅客丢失物品情况反馈给有关部门进行备案。

2. 旅客物品被盗的处置

(1) 发生盗窃案后，乘务人员应在第一时间将事件报告乘务长，各岗位密切配合、分工明确、稳而不乱。

(2) 与其他旅客交谈时，言辞得当，同时细心观察其他旅客的表现，锁定嫌疑人。

(3) 锁定嫌疑对象后，与乘务长、警方协商，决定是否可以让其他旅客下车（机、船），并让案件的几名当事人在警方的监督下离开车（机、船）等候进一步的处理，以免带来安全隐患。

(4) 发生盗窃事件后，乘务长将旅客信息及事件经过，在值乘结束后 1 个工作日内，反馈给有关部门。

三、旅客受伤的应急服务

(1) 发现旅客受伤（颠簸、餐车撞伤、烫伤、行李砸伤等）情况，应注意语言技巧，体现出乘务人员的关心和真诚并及时查看伤情、安抚旅客，根据旅客的受伤情况，按照“乘务应急预案”进行急救处理。

(2) 及时将事情的经过、处理方法、旅客要求等情况向乘务长报告。

(3) 广播找医生时，尽可能多广播几次，让旅客感觉乘务人员很尽心。

(4) 请周围的旅客提供书面证明时，尽量回避当事人，设法留下旅客基本资料、旅客证词，当事旅客有责任的，须在书面材料中提及旅客责任，留下周围旅客的联系电话。

(5) 如需要援助，请求乘务长联系最近的具备医疗抢救条件的车站（机场、码头），由该处联系当地的医护人员做好救援准备。

(6) 如旅客提出赔偿等要求，不能私自向旅客进行任何承诺，应婉言告知旅客相关事宜将由有关单位出面给予解决。

(7) 记录旅客的详细资料，如旅客姓名、国籍、年龄、性别、家庭住址、联系电话、受伤情况、处理方法等，必要时请警方协助，按照乘务应急预案，视情节轻重及时处理，并将事件相关情况记录在乘务报告中。

四、旅客发生食物中毒的应急服务

(1) 乘务人员应对有关人员进行登记，封锁现场，封存可疑食品、餐具等，疾控部门应收集中毒人员的呕吐物、排泄物。

(2) 乘务人员应积极配合现场医疗和疾控部门的工作。

(3) 处理过程中，注意安抚中毒旅客，将其转移到通风良好的空间，必要时进行催吐等处理，避免中毒旅客产生不良情绪，同时注意做好防护工作，以免引起其他旅客恐慌。

五、精神病旅客的应急服务

(1) 乘务人员出发立岗时，发现有精神病征兆的旅客未有正常旅客陪同的情况时，应拒绝其登乘并向乘务长汇报，由乘务长联系相关部门并终止该旅客旅行。

(2) 途中发现无人护送的精神病旅客时，乘务长必须安排专人看护并落实责任。精神病旅客如厕时，不得让其锁闭厕所门。

(3) 发现有人护送的精神病旅客登乘时，乘务长和乘务人员要主动向护送人员交代安全注意事项，积极协助护送人员监护精神病旅客。

(4) 对在途中发作的精神病旅客应采取有效措施，行为剧烈者应使用“约束带”限制其行为并由警方收缴其携带的锐器，防止其伤害其他旅客。

(5) 精神病旅客到达时，乘务长须按规定编制相关记录，及时上交相关单位。

参考文献

[1] 兰云飞，吕佳，梁晓芳．城市轨道交通服务礼仪：M+ Book 版．北京：北京交通大学出版社，2016．

[2] 蓝志江，雷莲桂．高速铁路乘务工作实务．北京：北京交通大学出版社，2015．

[3] 张英姿．高速铁路客运服务礼仪．北京：北京交通大学出版社，2017．